基于故障机理的舰船柴油机可靠性试验与评估技术

Reliability Testing and Evaluation
Technology of Shipboard Diesel Engines
Based on Failure Mechanism

石 磊 黄 立 刘隆波
黄金娥 冯 静 畅晓鹏 编著

国防工业出版社

·北京·

图书在版编目(CIP)数据

基于故障机理的舰船柴油机可靠性试验与评估技术/石磊等编著． --北京：国防工业出版社，2024.12.

ISBN 978-7-118-13389-9

Ⅰ．U664.121

中国国家版本馆 CIP 数据核字第 2024V9D515 号

※

国防工业出版社出版发行

（北京市海淀区紫竹院南路23号　邮政编码100048）
北京虎彩文化传播有限公司印刷
新华书店经售

＊

开本 710×1000　1/16　插页 5　印张 12¾　字数 257 千字
2024 年 12 月第 1 版第 1 次印刷　印数 1—1300 册　定价 88.00 元

（本书如有印装错误，我社负责调换）

国防书店：(010)88540777　　书店传真：(010)88540776
发行业务：(010)88540717　　发行传真：(010)88540762

前 言

柴油机是目前各种动力机械中热效率最高的机型,被广泛应用于船舶动力、车辆动力、发电等领域。舰船柴油机是以柴油机作为动力来源的船舶的"心脏",其安全可靠地运行是船舶能够安全、经济和可靠运行的最基本保证。舰船柴油机结构复杂,工作条件恶劣,容易发生故障,在航行中的修理和备件保障也有一定的困难。现代舰船对柴油机的技术要求越来越高,未来几十年,提高柴油机可靠性和耐久性成为舰船动力技术发展的首要目标。影响舰船柴油机可靠性的有设计、工艺和使用等因素,因此提高其可靠性的工作是一项复杂的系统工程。尽管柴油机厂家非常重视可靠性,不断优化结构材料,改进工艺技术,提高零部件寿命,完善机型系列,但这仍不能使柴油机可靠性得到完全改善和提高。

可靠性试验既是验证产品可靠性水平的主要手段,也是发现产品可靠性问题进而改进产品可靠性的重要手段。20 世纪 80 年代以来,我国可靠性试验技术逐步得到大范围的推广和应用;尤其是电子产品领域,到 20 世纪 90 年代已形成一套相应的可靠性试验技术标准。可靠性试验方法逐步得到完善和规范,主要方法包括环境应力筛选、可靠性增长、可靠性鉴定和验收试验等。进入 21 世纪以来,针对越来越高的可靠性指标要求,一批新的可靠性试验技术不断成熟且逐步得到应用,如可靠性仿真试验、可靠性强化试验、加速试验与快速评价、可靠性综合评价,这些技术在一定程度上满足了产品可靠性快速提升和验证的需求。

然而,针对机械产品的可靠性、耐久性试验方法仍主要采用基于工程经验的试验评估,当前广泛采用的试验方案往往时间长、难度大、针对性差。在评估方法方面,由于机械产品大多数价格昂贵、试验台架数量少,试验样本数量和试验时长均受限,因此用于评估的数据相对缺乏。柴油机作为典型的集油、水、气、电为一体的复杂机械系统,其可靠性试验与评估技术仍处于起步阶段,目前尚未形成一套先进、适用且成熟统一的可靠性试验与评估技术体系和规范。

本书以舰船柴油机为研究对象,内容基于作者本领域长期工程实践经验和项目研究成果,写作风格上注重理论与应用的紧密结合,针对当前舰船柴油机可靠性试验与评估中存在的关键和难点问题,较为全面、系统地介绍了柴油机典型零部件故障机理及耐久性分析、典型零部件平台加速可靠性与寿命试验设计与分析、整机可靠性试验方案设计、整机可靠性增长评估方法等,并结合大量工程应用案例,以使读者迅速了解并掌握柴油机可靠性试验和评估相关理论与方法。

本书内容共分 6 章。第 1 章阐述本书的研究背景、意义以及内容编写组织框架;第 2 章主要讲述舰船柴油机典型零部件故障机理及耐久性分析方法;第 3 章给出了舰船柴油机典型零部件平台加速可靠性及寿命试验方法;第 4 章主要讲述了基于各类数据的舰船柴油机零部件及整机可靠性评估方法;第 5 章和第 6 章专门针对舰船柴油机整机可靠性增长,分别给出了试验方法和评估方法。

  本书可作为相关人员开展针对柴油机或相似机械产品的可靠性试验与评估等工作时的参考资料,也可作为相关高等院校和研究机构的参考书或教科书。希望本书的出版能够促进我国柴油机相关行业可靠性技术的进步和发展。

作　者
2024 年 1 月

目 录

第1章 绪论 ··· 1
  1.1 背景和意义 ··· 1
  1.2 本书的基本内容及结构 ··· 2

第2章 舰船柴油机典型零部件故障机理及耐久性分析 ······················· 4
  2.1 概述 ·· 4
    2.1.1 基本概念 ·· 4
    2.1.2 机械零部件常见的故障模式 ··· 5
    2.1.3 机械零部件常见的故障机理 ··· 6
  2.2 气缸盖故障机理及耐久性分析 ·· 6
    2.2.1 结构与工作原理 ··· 6
    2.2.2 故障模式及机理分析 ·· 7
    2.2.3 耐久性分析 ··· 11
  2.3 增压器故障机理及耐久性分析 ·· 15
    2.3.1 结构与工作原理 ··· 15
    2.3.2 故障模式及机理分析 ·· 16
    2.3.3 耐久性分析 ··· 17
  2.4 电控喷油器故障机理及耐久性分析 ·· 19
    2.4.1 结构与工作原理 ··· 19
    2.4.2 故障模式及机理分析 ·· 21
    2.4.3 耐久性分析 ··· 26
  2.5 高压油泵故障机理及耐久性分析 ·· 33
    2.5.1 结构与工作原理 ··· 33
    2.5.2 故障模式及机理分析 ·· 34
    2.5.3 耐久性分析 ··· 36
  2.6 海水泵故障机理分析 ··· 41
    2.6.1 结构与工作原理 ··· 41
    2.6.2 故障模式及机理分析 ·· 42

第 3 章　舰船柴油机典型零部件加速可靠性试验方法 …… 44

3.1　概述 …… 44
3.1.1　机械产品可靠性试验 …… 44
3.1.2　机械产品加速可靠性试验方案设计 …… 46

3.2　基于故障机理的机械类零部件加速可靠性试验方法 …… 47
3.2.1　加速试验方案确定流程 …… 47
3.2.2　故障机理分析 …… 48
3.2.3　加速试验载荷谱的确定 …… 50
3.2.4　耐久性仿真分析 …… 51
3.2.5　加速因子的确定 …… 51
3.2.6　加速试验时间或循环的确定 …… 52

3.3　电控喷油器加速可靠性试验方法 …… 53
3.3.1　受试产品情况 …… 53
3.3.2　环境与工作载荷 …… 53
3.3.3　加速试验方案 …… 54

3.4　增压器加速可靠性试验方法 …… 61
3.4.1　受试产品情况 …… 61
3.4.2　环境和工作载荷 …… 61
3.4.3　加速试验方案 …… 62

3.5　气缸盖加速可靠性试验方法 …… 66
3.5.1　受试产品情况 …… 66
3.5.2　环境和工作载荷 …… 66
3.5.3　加速试验方案 …… 67

第 4 章　舰船柴油机零部件及整机可靠性评估方法 …… 70

4.1　概述 …… 70

4.2　基于随机线性磨损速率模型的关键零部件可靠性评估和预测 …… 72
4.2.1　基于线性随机过程退化模型的可靠性评估方法 …… 72
4.2.2　某型柴油机关键零部件拆检数据预处理 …… 74
4.2.3　关键零部件可靠性评估示例 …… 84

4.3　基于润滑磨损机理的柴油机缸套可靠性评估与更换周期确定 …… 89
4.3.1　试验数据 …… 89
4.3.2　基于润滑磨损机理的寿命建模 …… 91
4.3.3　缸套磨损模型参数估计 …… 92

  4.3.4 缸套检修和更换周期确定 ………………………………………… 93
 4.4 基于疲劳裂纹扩展机理的燃烧室检测和更换周期确定方法研究 … 94
  4.4.1 基于热疲劳裂纹扩展的寿命建模 ………………………………… 94
  4.4.2 模型参数估计 ……………………………………………………… 95
  4.4.3 燃烧室可靠性分析及检测周期确定 ……………………………… 97
 4.5 基于油液分析的柴油机机油性能可靠性评估和更换周期预测 …… 98
  4.5.1 油液监测关键性能参数 …………………………………………… 98
  4.5.2 油液分析原始数据 ………………………………………………… 99
  4.5.3 基于维纳过程的油液性能退化建模及可靠性评估 …………… 100
  4.5.4 基于寿命折合系数的机油最佳更换策略 ……………………… 103
 4.6 基于关键热力性能退化的柴油机可靠性评估和寿命预测 ………… 103
  4.6.1 考核试验中热力性能参数数据变化趋势分析 ………………… 103
  4.6.2 基于主轴和CCOT温度参数的性能退化建模和柴油机
     可靠性评估 ……………………………………………………… 109
 4.7 基于故障时间数据的柴油机可靠性评估 …………………………… 124
  4.7.1 柴油机样机1000h考核过程中出现的问题及解决措施…… 124
  4.7.2 Weibull–NHPP模型的柴油机可靠性评估 ………………… 125

第5章 舰船柴油机整机可靠性增长试验方法 ………………………… 130

 5.1 概述 ……………………………………………………………………… 130
  5.1.1 基本概念 ………………………………………………………… 130
  5.1.2 现有可靠性增长试验方法分析 ………………………………… 130
  5.1.3 舰船柴油机可靠性增长试验特点 ……………………………… 132
  5.1.4 舰船柴油机可靠性增长试验流程研究 ………………………… 133
 5.2 舰船柴油机可靠性增长试验方案设计 ……………………………… 134
  5.2.1 试验样本的数量 ………………………………………………… 134
  5.2.2 增长模型的选取 ………………………………………………… 134
  5.2.3 理想增长曲线 …………………………………………………… 136
  5.2.4 确定增长目标 …………………………………………………… 138
  5.2.5 确定初始可靠性水平 …………………………………………… 139
  5.2.6 确定初始试验时间 ……………………………………………… 140
  5.2.7 确定增长率 ……………………………………………………… 141
  5.2.8 确定试验总时间 ………………………………………………… 141
  5.2.9 试验段的划分 …………………………………………………… 143
  5.2.10 计划增长曲线的建立 ………………………………………… 146

　　　　5.2.11　确定试验评审点 ·· 147
　5.3　舰船柴油机可靠性增长试验方案的稳健性分析 ··································· 148
　　　　5.3.1　稳健性建模 ·· 149
　　　　5.3.2　应用示例 ··· 151
　5.4　舰船柴油机可靠性增长试验过程的跟踪、控制和调整 ······················· 155
　　　　5.4.1　试验的跟踪 ·· 155
　　　　5.4.2　试验的控制 ·· 156
　　　　5.4.3　试验的调整 ·· 157
　5.5　舰船柴油机多阶段可靠性增长试验方法 ·· 157
　　　　5.5.1　舰船柴油机多阶段可靠性增长模型 ································· 158
　　　　5.5.2　舰船柴油机多阶段可靠性增长计划 ································· 159
　　　　5.5.3　舰船柴油机多阶段可靠性增长跟踪 ································· 160

第6章　舰船柴油机整机可靠性增长评估方法 ·· 162

　6.1　概述 ·· 162
　　　　6.1.1　可靠性增长评估研究现状 ·· 162
　　　　6.1.2　舰船柴油机可靠性增长试验及评估特点 ························· 164
　6.2　基于杜安模型的可靠性增长评估方法 ·· 165
　　　　6.2.1　杜安模型的数学描述 ··· 165
　　　　6.2.2　杜安模型的拟合优度检验方法 ······································· 166
　　　　6.2.3　杜安模型参数的估计方法 ·· 166
　6.3　基于AMSSA模型的可靠性增长评估方法 ······································ 167
　　　　6.3.1　AMSSA模型的数学描述 ·· 167
　　　　6.3.2　AMSSA模型的拟合优度检验方法 ·································· 168
　　　　6.3.3　AMSSA模型参数的评估方法 ··· 169
　6.4　立即纠正方式下的柴油机可靠性增长评估 ······································ 170
　　　　6.4.1　故障数据的收集与处理 ·· 170
　　　　6.4.2　增长趋势分析 ··· 171
　　　　6.4.3　拟合优度检验 ··· 172
　　　　6.4.4　立即纠正的可靠性增长评估 ··· 173
　6.5　延缓纠正方式下的柴油机可靠性增长评估 ······································ 175
　　　　6.5.1　具有延缓纠正的故障数据 ·· 175
　　　　6.5.2　含有延缓纠正的可靠性增长预测模型 ···························· 176
　　　　6.5.3　失效率和MTBF的估计 ··· 178

6.6 基于性能退化数据的船用柴油机可靠性增长评估方法 …………… 180
    6.6.1 退化特征量提取 ………………………………………… 180
    6.6.2 基于贝叶斯的柴油机可靠性增长评估 ………………… 184
    6.6.3 示例分析 ………………………………………………… 188

附录 ……………………………………………………………………… 190

参考文献 ………………………………………………………………… 191

第 1 章 绪 论

1.1 背景和意义

柴油机作为舰船的动力来源，其可靠性对舰船安全可靠运行和运维费用具有重大影响。舰船柴油机是一个非常复杂的大系统，它包含了如曲柄连杆机构、燃油供给系统等在内的若干分系统，而每个分系统又包含大量的零部件。在舰船柴油机使用过程中，发生大量的疲劳、磨损、腐蚀、蠕变等耗损型机械故障，这些故障模式和机理复杂，相关性强，很难进行定量的分析和描述。

可靠性试验是保证现代复杂系统投入使用后具有所要求的可靠性的一种有效途径，贯穿于系统寿命周期的各个阶段。柴油机寿命周期可分为研制、生产和使用等阶段。研制阶段，靠可靠性试验可以发现问题或缺陷，从而提高产品可靠性，因此，在柴油机研制阶段应尽可能多地安排可靠性试验项目。例如，研制初中期零部件的研制、摸底和强化等试验，研制后期整机可靠性摸底、增长和验证等试验。生产阶段和使用阶段，主要是柴油机生产验收和使用验证试验。根据试验对象不同，柴油机可靠性试验可分为整机级可靠性试验和零部件级可靠性试验。柴油机零部件可靠性试验主要考察或验证某零部件在特定载荷条件下的可靠性或耐久性，在试验方法和条件上未充分考虑部件间耦合作用及整机实际载荷或环境条件对零部件失效的影响。柴油机整机可靠性台架试验能够真实反映柴油机在实际工况下的机械负荷和热负荷及振动等因素的影响，但成本较高，试验周期较长，同时需要大量摸底试验。对于这类大型复杂系统开展可靠性试验设计及评估难度非常大，可以借鉴的现成资料很少，缺乏相关基础研究。可靠性试验及评估对推动舰船柴油机结构优化和性能改进，评估柴油机可靠性水平，减少与故障相关的维修资源和维修费用有着极其重要的意义。

近十几年来，机械产品可靠性试验技术的相关理论研究和工程实践也取得了一定成果。但是，由于柴油机所受载荷复杂、环境严酷度高、零部件失效机理复杂多变、结构耦合性强等特点，目前柴油机可靠性试验及评估技术的发展仍无法满足柴油机高可靠性指标实现的迫切需要。在试验技术方面，仍以基于工程经验的试验设计为主，缺乏针对性，未充分考虑产品的机理和规律；在评估方法方面，仍以基于故障数据的传统评估方法为主，无法适应机械产品小样本、高可靠性的需求和现状。可靠性增长试验作为柴油机研制阶段可靠性工作的重要组成部分,能有计划地激发故障、分析故障原因和提出改进措施,是实现可靠性增长的一种重要的途径,对保证柴油机可靠性增长目标的实现具有重要作用。目前,开展可靠性增长试验主要参照 GJB 1407—1992《可靠性增长试验》和 GJB/Z 77—1995《可靠性增长管理手册》等标准开展增长试验计划的制定、试验过程的跟踪和控制以及试验结果的分析评估。然而,上述这套试验及评估方法并不能完全适用于舰船柴油机这类以耗损型故障为主的复杂机械类产品,导致舰船柴油机可靠性增长试验周期长、成本高且评估结论不够准确等问题。

针对舰船柴油机可靠性试验及评估技术现状,本书以可靠性试验理论和评估方法为基础,借助数理统计方法、可靠性理论、失效物理、试验设计等技术,对舰船柴油机可靠性试验与评估技术进行分析与研究。结合舰船柴油机可靠性试验需求和特点,尽可能利用舰船柴油机研制过程中各项试验的资源与数据,在典型零部件故障机理分析的基础上,形成了一套基于故障机理的柴油机可靠性试验及评估技术,以科学指导柴油机可靠性试验方案的制定和优化,提高柴油机可靠性评估的效率与准确程度。通过柴油机整机及零部件可靠性试验及评估方法,不仅可以在短时间内暴露柴油机在设计、工艺、装配等方面的问题,提高试验效率,降低成本,而且可以解决柴油机整机及零部件指标评估不准确的问题,实现小子样试验可靠性水平的有效评估。研究成果对相似机械产品的可靠性试验及评估工作的开展具有一定参考价值,在军用、民用领域均有广泛的应用前景。

1.2 本书的基本内容及结构

针对舰船柴油机可靠性试验设计及评估中存在的诸多问题,本书立足于可靠性科学原理,充分考虑舰船柴油机的结构、功能等设计特性以及使用和环境条件特点,针对典型零部件故障机理及耐久性分析、典型零部件加速可靠性试验与寿命试验设计与分析、整机可靠性试验方案设计和整机可靠性增长评估等方面存在的一系列问题,形成一套基于故障机理的舰船柴油机可靠性试验与评估技术理论框架。该框架主要包括五个方面的研究内容,基本研究内容如图 1-1 所示。

本书第2章~第6章是针对基于故障机理的船用柴油机可靠性试验与评估技术方法的具体阐述,具体如下:

第2章结合舰船柴油机的结构、功能、性能、使用环境和使用方式等特点,以柴油机关重零部件为研究对象,综合考虑热、机械振动、冲击等多种应力对典型零部件故障影响,开展气缸盖、增压器、电控喷油泵等典型零部件故障机理分析和耐久性分析,形成舰船柴油机典型零部件故障机理库。

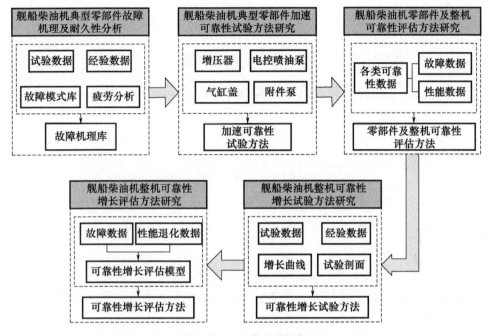

图1-1 研究内容框架

第3章基于舰船柴油机典型零部件故障机理库,结合气缸盖、增压器、电控喷油泵等典型零部件平台可靠性试验和高周疲劳寿命试验,研究确定合理的加速/强化应力,结合现有试验设备加载能力,确定合理的加速载荷谱及加速因子,制定加速/强化试验方案,形成舰船柴油机典型零部件平台加速可靠性试验方法。

第4章收集整理舰船柴油机各类典型零部件及整机的性能退化数据和故障数据,建立基于各类数据的舰船柴油机典型零部件及整机可靠性评估模型,形成舰船柴油机典型零部件及整机可靠性评估方法。

第5章基于舰船柴油机整机及零部件的可靠性试验数据,针对舰船柴油机实际可靠性增长需求和特点,拟合建立舰船柴油机整机可靠性增长模型,确定可靠性增长目标、增长试验起始点及增长曲线,结合柴油机实际使用工况,制定可靠性增长试验图谱,最终形成舰船柴油机可靠性增长试验方法。

第6章基于舰船柴油机整机可靠性增长试验数据,包括故障数据和性能退化数据,建立舰船柴油机可靠性增长评估模型,评估舰船柴油机整机可靠性增长试验后的可靠性水平,形成舰船柴油机整机可靠性增长评估方法。

第 2 章　舰船柴油机典型零部件故障机理及耐久性分析

2.1　概　述

2.1.1　基本概念

当产品丧失或部分丧失规定的功能,我们称之为失效。对于可修复产品,这种失效通常称为故障。由于本书的研究对象——柴油机属于可修复产品,因此本书统称为故障。

产品故障不仅指致命性的破坏或完全丧失功能,也指功能、特性降低到不能满足规定的要求。因此,判断产品的故障必须首先确定其故障判据或标准。

故障模式是指产品故障的形式、形态及现象,是产品故障的外在宏观表现。根据 GJB 451A—2005《可靠性维修性保障性术语》中的故障模式的定义,故障模式就是故障的表现形式,更确切地说,是对产品所发生的、能被观察到或测量到的故障现象的规范描述。在分析产品故障时,应从故障模式入手,找出故障原因和故障机理。对于机械产品来说,故障模式的识别是进行故障分析的基础之一。

故障模式一般按发生故障时的现象来描述。由于受现场条件的限制,观察到或测量到的故障现象可能是系统的,如发动机不能起动;也可能是某一部件,如传动齿轮异响;也可能就是某一具体的零件,如涡轮齿根断裂、油管破裂等。因此,在描述故障模式时,应根据产品结构的层次,形成故障因果关系链。如"发动机不能起动"这一故障模式是它上一层次"汽车不能开动"的原因,又是下一层次故障模式"曲轴断裂"的结果。

产品故障是内因和外因共同作用的结果。所谓故障机理是指产品在产品环境条件、工作条件等作用下,故障发生的物理、化学等变化过程,是产品故障发生的内在本质。引起产品故障或劣化的诱因——环境条件、工作条件等,一般称为应力。产品总是经过一段时间的演变后才故障,因此产品在劣化过程中,时间也是一种应力。

研究柴油机故障模式、故障机理的目的是确定故障现象,分辨故障模式,明确故障机理,查找故障原因,提出改进措施或应对措施,从而提高柴油机的可靠性水平。

2.1.2 机械零部件常见的故障模式

辨明产品故障模式是产品可靠性设计分析的基础,可以通过故障模式、影响及危害性分析(FMECA)来实现。

目前,一些行业、专业均有各自产品的故障模式表或故障模式库。例如,汽车行业将常见故障模式分为6类:

(1)损坏型,如断裂、破裂、开裂、点蚀、拉伤、变形、龟裂、压痕等。
(2)退化型,如老化、变质、剥落、异常磨损等。
(3)松脱型,如松动、脱落等。
(4)失调型,如压力过高或过低、行程失调、间隙过大或过小、干涉等。
(5)堵塞与渗漏型,如堵塞、气阻、漏水、漏气、渗油等。
(6)性能衰退或功能失效型,如性能衰退、异响、过热等。

虽然机械产品种类繁多,但零件的故障模式相对有限。机械零部件常见故障模式如表 2-1 所列。

表 2-1 机械零部件常见故障模式

序号	故障模式	说明
1	断裂	具有有限面积的几何表面分离现象,如轴类、杆类、支架、齿轮等。
2	破裂	零件变成许多不规则形状的碎块现象。
3	开裂	零件产生的可见缝隙。
4	龟裂	零件表面产生的网状裂纹。
5	裂纹	零件表面或内部产生的微小裂缝。
6	异常变形	零件在外力作用下超出设计允许的弹、塑性变形的现象。
7	点蚀	零件表面由于疲劳而产生的点状剥落,如齿轮齿面、轴承等。
8	烧蚀	零件表面因高温局部溶化或改变了金相组织而发生的损坏,如轴瓦等。
9	锈蚀	零件表面因化学反应而产生的损坏。
10	剥落	零件表面的片状金属块与原基体分离的现象。
11	胶合	两个相对运动的金属表面,由于局部粘合,而有撕裂的损坏,如齿轮齿面。
12	压痕	在零件表面产生凹状痕迹。
13	拉伤	相对运动的金属表面沿滑动方向形成的伤痕,如缸筒等。
14	异常磨损	运动零件表面产生的过快的非正常磨损。
15	滑扣	螺纹紧固件丧失连接的损坏。

2.1.3 机械零部件常见的故障机理

机械零部件常见的故障模式可分为四大类:变形、断裂、磨损和腐蚀。其故障机理如图2-1所示。

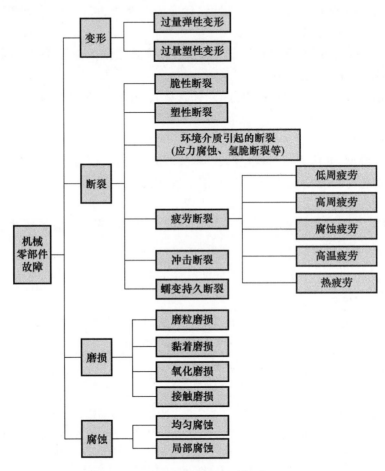

图2-1 机械零部件常见的故障机理

2.2 气缸盖故障机理及耐久性分析

2.2.1 结构与工作原理

气缸盖是柴油机中结构最复杂、机械负荷和热负荷最高的零部件之一,是燃气室受热件之一。气缸盖安装在缸体的上方,从上部密封气缸并构成燃烧室,与活塞、气缸套构成燃烧室空间并保证柴油机进、排气过程的顺利进行。气缸盖是柴油机的固定不动机件,采用铸铁材料。其上加工有进、排气门座孔,气门导管以及喷油器安装孔。为了散热,气缸盖内部有冷却水套,气缸盖下端面的冷却水孔与缸体的冷却水相通,利用循环水冷却燃烧室等高温部件。冷却液在水泵的压力作用下从水箱进入气缸体水套,然后经气缸垫出水孔进入气缸盖内部水套,再从气缸盖端面上的出水孔排出,进入气缸盖出水管,最后回到水箱。某柴油机缸盖总成如图2-2所示。

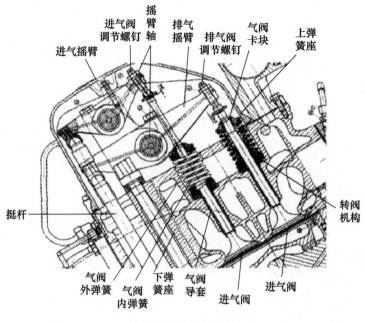

图2-2 缸盖总成

2.2.2 故障模式及机理分析

柴油机气缸盖结构和受力较复杂:装有喷油器、气缸启动阀、示功阀、进排气阀组件等,采用钻孔冷却。气缸盖常见的故障模式有开裂、变形、漏水、漏油等。工作过程中,气缸盖承受高温、高压燃气所施加的机械负荷和热负荷,同时受到紧固螺栓的安装预紧力以及冷却水和高温燃气的腐蚀作用等。

在柴油机稳定运行时气缸盖既承受着气缸盖螺栓的预紧力以及气阀座圈过盈装配力的作用,还承受着气缸内燃气的压力作用,这些力造成气缸盖较高的机械应力分布。同时气缸盖承受着气缸内燃气的高温作用,且气缸盖各部分的温度分布极不均匀,缸盖底部燃烧室面(火力面)处温度很高,进、排气道的温差相对较大，而其他地方的温度则相对较低，这样造成气缸盖的热负荷条件十分严酷。当燃烧温度急剧变化时，缸盖表面的温度分布就会不均匀，产生的温度差可达几十摄氏度，甚至上百摄氏度，将产生很高的热应力，经过多次循环就会产生热疲劳裂纹。特别是由于高温和温度分布不均匀产生的热应力，反复作用极易在火力面上形成热疲劳裂纹，尤其是在进、排气阀之间（鼻梁区）。而且实践表明柴油机在启动、停车或变工况等非稳定工作条件下，其热负荷更加严重，将承受比稳定运行时大得多的热应力。缸盖火力面的热疲劳寿命成为制约气缸盖可靠性的薄弱环节。

由于气缸盖燃烧室火力面与高温燃气直接接触，承受最剧烈的热负荷，其比例远高于机械负荷。一项对于柴油机缸盖的热负荷分析表明，其热应力比机械应力高十几甚至几十倍。随着热负荷增加，特别是在交变的热应力作用下往往会出现疲劳裂纹。气缸盖的热损伤几乎都与其在工作过程中所承受的热负荷、热疲劳和热腐蚀有关。在柴油机的启动－工作－停止（启停循环）过程中，气缸盖被急剧加热和冷却，并在其燃烧室火力面产生较大循环热应力负荷，受到低周热疲劳损伤。对于柴油机，其"启动－停止"的过程实际上就是一次热疲劳过程。在柴油机启动后的每个工作循环中（吸气－压缩－做功－排气循环过程），缸盖发生较小幅度的温度变化，遭受高周热疲劳损伤。缸盖局部材料在高于蠕变温度的环境中长期工作，受到蠕变损伤。但引起缸盖失效的主要原因还是低周疲劳损伤，因此启动次数是主要的寿命指标。

同时，如果气缸盖受热时引起的变形过大，会影响与气缸的接合面和气阀座接合面的密封，加速气阀座的磨损，造成气阀杆"咬死"或"断裂"，甚至造成漏气、漏水和漏油等现象，使柴油机无法正常工作。

2.2.2.1　气缸盖故障机理

缸盖处在极为苛刻的条件下工作，安装时施以较大的预紧力，工作时承受爆发压力，而且还承受较大的热负荷，相应产生机械的脉动应力和热应力，局部区域将出现塑性变形。柴油机气缸盖在气阀孔之间的火焰面处可能会产生裂纹。对这种裂纹产生的主要原因有一致的看法，裂纹的产生机理可归因于"热疲劳"和"压缩蠕变"。冷却水的腐蚀将加速气缸盖的损坏。设计、工艺和使用的每个环节对气缸盖的寿命都有很大的影响。在分析损坏原因时，往往发现是多种因素的综合影响。因此分析损坏的原因是一个复杂而细致的工作。

柴油机气缸盖破坏的原因大致如下：

1）热疲劳损坏

在柴油机气缸盖的火力面上，既有轴向热力梯度，也有径向热力梯度。火焰面的温度梯度是由于气缸盖的活塞上方部分直接接触燃烧气体，而周围部分或者接触发动机冷却液，或者在与燃烧室有一定的距离处经过气缸盖垫片与发动机机体接触。这样热流沿径向和轴向外传出，导致了从热的中心沿轴向和径向向外递减的温度梯度。气缸盖周围的较冷部分起着制约作用，使火焰面上的压缩应力增加,当这些应力很大时,则会引起塑性变形。这种变形若持续作用一定的时间,就可能会出现蠕变。在发动机停车或者负荷显著变化后,当温度逐渐变得均匀时,应力状态变为反向,火焰面上的底平面产生残余应力。这种变化在材料内产生热疲劳(属低频性质),因而在火焰面的危险区域(进排气阀孔之间和喷油孔与进气阀之间)出现裂纹。因为此处的应力值最大,并且该区域本身结构较薄,受各种力的作用且温度最高,而且受到的燃气的爆发压力为交变载荷,因此该区域变形较大,最容易形成疲劳破坏。在工况多变的情况下,气缸盖容易产生低频宽幅热应力,会在火力面的排气鼻梁区域形成塑性变形。

2) 机械疲劳损坏

柴油机缸盖火力面在工作中不断受到气体爆发压力的周期性机械冲击作用,而且这种冲击力往往是很大的。这样大的机械冲击力作用于缸盖火力面上,使底板材料又会发生机械冲击疲劳。而且这种机械冲击疲劳破坏与柴油机的转速和各缸供油量有关。燃气爆压的周期性动载作用,使气缸盖发生周期性的弹性甚至塑性变形,极易出现疲劳现象。螺栓孔周围虽然应力值也较大,但由于该区域温度及受力情况比较稳定,因此出现裂痕的几率较鼻梁区小。另外,气缸盖局部结构设计的形状突变或者倒角较小,在结构上容易出现应力集中等状况。

3) 腐蚀损坏

柴油机的冷却水中会含有不同的杂质和溶解于水的氧,它们会电解成各种离子。这些离子对气缸盖底板内壁会有电离作用,对底板腐蚀;缸盖冷却水也会因过热而产生蒸汽,蒸汽对缸盖壁面也有腐蚀作用。这些腐蚀作用的结果会使缸盖冷却水壁面材料剥落,厚度逐渐减小或产生蚀坑、孔洞,使其底板强度、刚度下降,在机械应力和热应力的共同作用下发生疲劳而出现裂纹,造成缸盖火力面的开裂。

总之,柴油机气缸盖热疲劳损伤是循环热应力、循环机械应力、循环蠕变、松弛、腐蚀等因素同时并存的综合疲劳损伤问题。这种热疲劳是在多损伤因素影响下,以循环热应变、热应力疲劳损伤为主的疲劳问题,即广义热疲劳问题。

2.2.2.2 阀座故障机理

柴油机缸盖无硬质阀座,阀座即缸盖本体。柴油机工作时凸轮轴通过挺杆及摇臂控制气阀按进排气定时开启,气阀弹簧回弹,气阀关闭,在关闭的瞬间气阀以一定的速度和力度拍击缸盖阀座面。柴油机在高工况工作时,气阀连续高强度拍击阀座面;因进气温度低,而气缸内温度在压缩和做功冲程后急剧上升,温差变化巨大,故而,进气阀座在工作时承受着很高的机械负荷及热负荷,容易发生磨损现象。

原因分析:

(1) 若阀座润滑系统出现异常,将加快进气阀座的磨损速度。

(2) 若缸盖硬度、化学成分、机械性能未达到图纸要求范围,进气阀座在冷热气流的冲刷及气阀高强度拍击下将加快磨损。

（3）进气阀由气阀卡块固定在进气阀导套内，若进气阀杆外径尺寸或气阀导套内径尺寸与图纸有较大偏差，将导致柴油机工作时阀杆与导套发生干涉，致使阀盘与阀座接触时的贴合角度与图纸要求的不符，加快进气阀座的磨损速度。

气阀与气阀阀座的磨损是一种高温条件下的冲击磨料磨损。冲击磨料磨损既不是纯冲击，也不是一般的滑动磨料磨损，而是两个过程的复合。其过程是：在冲击瞬间，两对磨面相互碰撞，在磨擦界面间有硬质磨料存在，同时两界面有相对滑动；当冲击结束时，两对磨面脱离接触，不摩擦也不磨损。两个过程周而复始交替进行。高温条件会加速上述磨损过程，使得零件出现极短寿命的情况。

与一般的磨料磨损相比，冲击磨料磨损具有以下特点：

（1）冲击载荷为能量载荷，不同于一般的静载荷和交变载荷。加载和卸载过程是瞬间完成的。

（2）磨料在摩擦副之间承受很大的法向载荷，因此，硬质磨料对摩擦副的作用具有凿削和碾碎的双重特点，工况更为恶劣。

（3）冲击磨料磨损为高应力磨损，伴随着金属表面的严重应变硬化和磨料破碎，并且材料更容易发生塑性变形。

（4）在冲击瞬间，伴随有快速的能量转换，从能量角度看，冲击能量 E_d 可能转变为以下几部分：塑性形变能 E_s；弹性波动能 E_b；磨粒破碎所消耗的能 E_k；热能 E_r；其他能 E_q，如声能等。即 $E_d = E_s + E_b + E_k + E_r + E_q$。

冲击磨料磨损下，材料及表面处理方式不同，磨损机理不同。Hertz 及其修正模型，是一种简化的冲击接触模型。

2.2.2.3 气缸盖总成故障模式及机理汇总

在结构分解和载荷分析的基础上，确定气缸盖主要故障机理，其排序情况如表 2-2 所列。

表 2-2　气缸盖总成主要故障模式及机理排序表

机理排序	最低约定层次单元	故障模式	故障机理	应力类型	机理模型
1	气缸盖火力面	开裂	燃气脉冲疲劳断裂	机械应力	名义应力寿命模型 $\left(\dfrac{\sigma_a}{1-\dfrac{\sigma_m}{\sigma_b}}\right)^m \times N = c$
			热机耦合疲劳断裂	热应力、机械冲击应力	Sehitoglu 模型 $\left(\dfrac{1}{N_f^{\text{total}}} = \dfrac{1}{N_f^{\text{fat}}} + \dfrac{1}{N_f^{\text{env}}} + \dfrac{1}{N_f^{\text{creep}}}\right)$
2	气阀与气阀座接触面	磨损	热机耦合疲劳磨损	热应力、机械应力	—

2.2.3 耐久性分析

气缸盖在正常工作运行过程中承受着各种复杂的载荷,其中主要的载荷有热应力、燃气的爆发压力、螺栓的预紧力以及气阀过盈余力。这些载荷使得缸盖上各点的应力值呈现一种交变循环的状态,这主要是由于燃气在零压力载荷和最大燃烧压力载荷之间变动,其余载荷可近似认为稳定不变。

首先进行应力分析,确定气缸盖上的载荷大小和分布情况。

温度的分布不均必然引起材料内部膨胀大小不同,由此引发热应力。热应力可以用下式估算:

$$\sigma = -K \cdot \alpha \cdot E \cdot T_M \quad (2-1)$$

式中:α 为热膨胀系数;E 为杨氏模量;K 为修正系数;T_M 为火焰侧与冷却侧温度的算术平均值。

缸盖温度场的确定不但需要较准确的热边界条件,还需要设置材料的各种物理性能参数,然后进行反复的计算逐渐修正各个参数以得到较准确的温度场。气缸盖的材料物理性能参数见表2-3。

表2-3 材料物理性能参数

弹性模量/ GPa	密度/ (kg/m³)	泊松比	线胀系数/ (1/℃)	抗拉强度/ MPa	热传导系数/ (W/(m·K))
75	7800	0.3	1×10^{-6}	450	50

首先利用 Pro/E 三维绘图软件建立气缸盖的模型,并且在 HyperMesh 里划分网格,利用 ANSYS 软件得到温度场的计算结果如图2-3所示。从总体上看高温主要集中在缸盖的火焰面和排气道处,由此向周围逐渐降低。最高温度出现在排气阀鼻梁区和喷油嘴附近,温度高达279℃。主要是由燃烧带来的高温燃气所引起。

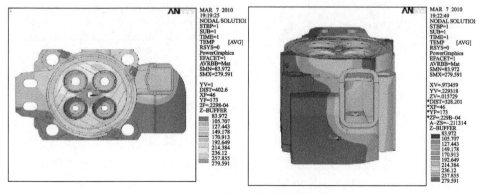

图2-3 温度场的计算结果(彩图)

气缸盖所承受的机械应力主要由燃气的爆发压力、螺栓预紧力以及气阀过盈余力产生。

燃气爆发压力作用在缸盖底面与火力面接触处，柴油机正常工作时燃气压力是随工作过程有规律变化的。参阅相关文献，在计算机械应力场时，燃气压力在此处取平均压力和最大爆发压力，且不考虑气阀对气阀座的压力。燃气平均压力取14MPa，最大爆发压力取16.5MPa。

螺栓预紧力作用于缸盖上端面与螺纹中，用来保证缸盖与机体的紧固连接和保证缸盖气密性。可以采用直接施加在节点上的方法，将预紧力施加在缸盖与螺栓垫片的接触面和缸盖螺栓孔上，每根缸盖螺栓的预紧轴向力为75kN。

气阀过盈余力主要是由气阀座在装配过程中对缸盖进行过盈装配产生的，主要保证缸盖的气密性，随时间及工况的变化范围较小。由实际的加工图纸，得出气阀座圈与缸盖气阀孔之间在直径方向上的过盈量在0.05~0.11mm之间，在本次计算中，采用最大过盈量0.11mm。结合材料相关属性，过盈余力取50kN。

要对气缸盖强度做出正确的评定，必须同时考虑热应力和机械应力同时作用下的缸盖的应力状态，即热-机械耦合的应力状态。温度分布的不均使应力状态发生了根本性的变化。而最高燃气压力下耦合应力的施加才是柴油机的危险工况。

进行热-机械耦合的具体方法是，把温度场作为第一状态变量即温度载荷施加在计算模型上。在预紧力作用状态下，施加气体爆发压力、气阀过盈余力以及一般的位移边界条件之外，再将所得的温度场定义成热载荷边界条件，然后进行耦合应力场的分析计算。

柴油机稳定工况下气缸盖热-机械耦合应力分布云图如图2-4所示。

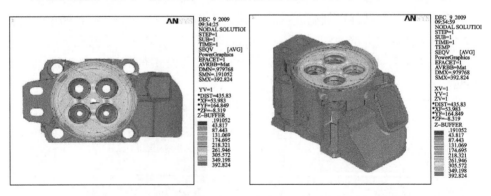

图2-4 稳定工况下气缸盖热-机械耦合应力分布云图（彩图）

结合热应力计算结果与稳定工况下缸盖热-机械耦合应力图可知，柴油机正常运行时，缸盖所承受的应力主要由温差决定，在底部火焰面以及密封圈周围，由于受到高温燃气的频繁作用，出现了应力集中，同时材料的力学性能也随着温度的升高而下降。其中最高应力位于进、排气阀之间的鼻梁区,尤其是在进气阀与排气阀之间的两个鼻梁区,由于进气与排气的温差比较大,使得这两个地方的应力值达到了极值392MPa,由于该区域本身结构较薄,受各种力的作用且温度最高,因此该区域变形较大,容易形成疲劳破坏。

缸盖螺柱孔壁四周、气道转角及火焰面除了鼻梁区的其余部分,其中螺栓孔壁四周的应力主要由热应力及机械应力产生,其值大致在100MPa左右,但由于该区域温度及受力情况比较稳定,因此出现裂痕的几率较鼻梁区小。气道转角及火焰面处的应力主要由于温度的影响,气阀的过盈配合使得阀座周围应力较大,该区域的应力达到300MPa左右。结合实际情况可知这些地方容易形成疲劳破坏。

图2-5为最高爆发压力下气缸盖热-机械耦合应力分布云图。对比平均爆发压力与最高爆发压力条件下的应力分析图可知,柴油机在正常运行和额定工况运行时,缸内爆发压力的变化对缸盖各处应力的影响较小,而额定工况运行时由于柴油机转速的提高,使得应力施加的频率相应增加,由此可以确定高频的应力是造成缸盖裂纹的主要原因。

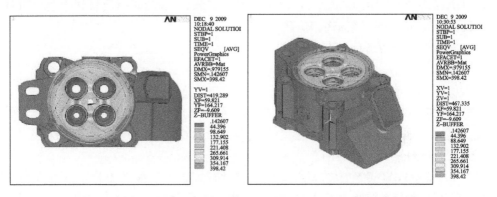

图2-5 最高爆发压力下气缸盖热-机械耦合应力分布云图(彩图)

由于气缸盖鼻梁区呈现典型的反相位热机疲劳载荷特性,常规低周疲劳寿命预测模型精度较低。目前Sehitoglu模型被行业认为精度高、最权威的低周热机械疲劳(Thermal Mechanical Fatigue,TMF)模型。

Sehitoglu模型考虑机械疲劳、环境效应和蠕变三种不同的损伤机制。疲劳(机械)损伤主要指由室温条件下应变幅主导的疲劳损伤。高温条件下的损伤主要包括环境损伤和蠕变疲劳损伤。总损伤与机械疲劳损伤、环境损伤和蠕变损伤之间的关系如下:

$$D_{\text{TMF}} = D^{\text{fat}} + D^{\text{env}} + D^{\text{creep}} \tag{2-2}$$

式中:D_{TMF}为总损伤;D^{fat}为机械疲劳损伤;D^{env}为环境损伤;D^{creep}为蠕变损伤。

寿命关系式描述如下:

$$1/N_f^{\text{total}} = 1/N_f^{\text{fat}} + 1/N_f^{\text{env}} + 1/N_f^{\text{creep}} \tag{2-3}$$

式中：N_f^{total} 为总寿命；N_f^{fat} 为机械疲劳寿命；N_f^{env} 为环境损伤寿命；N_f^{creep} 为蠕变寿命。

在热机疲劳循环中，采用应变－寿命方法来描述机械疲劳行为。机械疲劳寿命采用 Manson – Coffin 方程来描述：

$$\frac{\varepsilon_{\text{mech}}}{2} = \frac{\varepsilon_{\text{mech}}^e}{2} + \frac{\varepsilon_{\text{mech}}^p}{2} = \frac{\sigma'_f}{E}(2N_f^{\text{fat}})^b + \varepsilon'_f(2N_f^{\text{fat}})^c \quad (2-4)$$

式中：$\varepsilon_{\text{mech}}$ 的机械应变幅；σ'_f 为疲劳强度系数；E 为弹性模量；b 为疲劳强度指数；ε'_f 为疲劳延展性系数；c 为疲劳延展性指数。这些参数通过室温条件下应变寿命试验来确定。

环境损伤主要认为在环境温度影响下氧化等现象诱导裂纹扩展，不断将新鲜的金属材料暴露在环境中，环境损伤寿命可描述为

$$\frac{1}{N_f^{\text{env}}} = \left[\frac{h_{\text{er}}\delta_o}{B\,\Phi_p^{\text{ox}}K_p^{\text{eff}}}\right]^{-1/\beta} \frac{2(\Delta\varepsilon_{\text{mech}})^{\frac{2}{\beta}+1}}{\dot{\varepsilon}_{\text{mech}}^{1-\alpha/\beta}} \quad (2-5)$$

式中：h_{er} 为临界氧化层厚度；δ_o、α、β 均为材料常数；$\dot{\varepsilon}_{\text{mech}}$ 为机械应变速率；K_p^{eff} 为有效氧化系数；Φ^{ox} 为环境损伤相位调整系数。

考虑载荷作用历程，蠕变寿命描述如下：

$$\frac{1}{N_f^{\text{creep}}} = \Phi^{\text{creep}} \int A e^{(-\Delta H/RT)} \left(\frac{\alpha_1 \bar{\sigma} + \alpha_2 \sigma_H}{K}\right)^m dt \quad (2-6)$$

式中：$\bar{\sigma}$ 为有效应力；σ_H 为流体静力学应力；K 为拖拉压力；α_1 和 α_2 为应力作用系数，表示在拉伸和压缩过程中发生损伤的相对量；Φ^{creep} 为蠕变损伤相位调整系数；A 和 m 为材料常数；t 为时间。

采用 FEMTAT 软件中的 HEAT 模块进行气缸盖热机疲劳分析。缸盖火力面低周疲劳寿命分布结果如图 2-6 所示，缸盖热机疲劳最小寿命为 7096 次，也就是说，可以启动—停车循环约 7096 次。

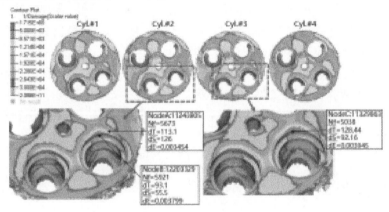

图 2-6　缸盖低周疲劳寿命分布（彩图）

缸盖火力面低周疲劳总损伤分布结果如图2-7所示,第三缸火力面低周疲劳各项损伤如图2-8所示。从分布占比可知,缸盖低周热机疲劳占主导的是环境损伤,其次是机械疲劳损伤,最后是蠕变损伤。

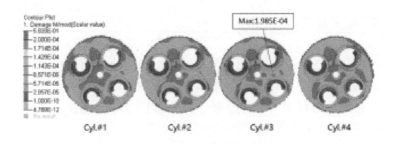

图2-7 低周疲劳总损伤分布(彩图)

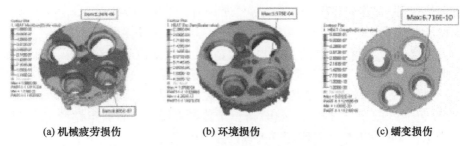

(a) 机械疲劳损伤　　　　(b) 环境损伤　　　　(c) 蠕变损伤

图2-8 第三缸火力面低周疲劳各项损伤(彩图)

2.3 增压器故障机理及耐久性分析

2.3.1 结构与工作原理

增压器是柴油机的重要设备之一,其主要作用是增加柴油机的进气密度,提升进入气缸的空气质量。主要零件包括压气叶轮、涡轮(叶片和轮盘)、轴承、壳体,某增压器结构组成如图2-9所示。

图2-9 增压器结构组成

涡轮增压器是一种叶轮机械,涡轮和压气机叶轮是涡轮增压器的关键部件。涡轮叶片是增压器中故障率较高的部件之一,在高速运转时,叶片故障会导致增压器进气压力不足,柴油机燃烧热效率降低,输出功率降低。

2.3.2 故障模式及机理分析

由于涡轮增压器除涡轮转子和压气机叶轮以及几个紧固连接小件外,其余均为固定件,而固定件的失效模式以制造缺陷导致的高周疲劳为主,这些零件寿命较长,其寿命长短主要靠加工工艺控制。因此,涡轮和压气机叶轮的低周疲劳寿命问题是决定涡轮增压器可靠性的关键问题。

增压器涡轮叶片的潜在失效模式主要有以下两种:一是由疲劳与蠕变交互作用所引起的涡轮叶片叶根断裂失效;二是由气动载荷的不稳定性引起的涡轮叶片共振断裂,该失效模式所对应的失效部位通常位于叶片一阶振动节线。

增压器的涡轮叶片工作在高温高压的燃气下,不仅要承受转子高速旋转时叶片自身的离心力、气动力、热应力及振动负荷,还会受到废气的腐蚀。当柴油机工况不断变化时,叶片还受到冷热疲劳的作用。最常见的缺陷是碰伤、疲劳变形及断裂,其材料是具有较高强度的耐热合金。在增压器中,涡轮工作时受力极其复杂,主要包括离心力、气动载荷、热载荷。尤其在机器启停时高温蠕变、工况大幅变化产生较大的交变应力是增压器失效的主要模式之一。

涡轮增压器是一种高速旋转的机械,工作最高转速已超过 300000r/min,叶轮轮缘的切线速度甚至超过 600m/s,叶轮除了受气体对叶片的反作用力外还承受巨大的离心力。叶轮的轮毂部分由于离心力造成的应力比较大,主要受离心力的影响,由于内部应力经常超出材料屈服极限,尤其在高低转速工况变换时会产生较大的离心力变化进而产生较大的交变应力。由高的交变应力引起的低周疲劳破坏是增压器失效的主要模式之一。

增压器热疲劳也是一个非常严重的问题,涡轮在温度变化时会发生热变形:温度降低时会发生收缩变形,温度升高时会发生膨胀变形。由于涡轮在温度变化时不能自由地发生变形,而是会受到内部各部分之间的变形协调约束,这种由于内部变形协调约束导致的热变形受阻会使涡轮产生热应力。由于温度的循环变化,而引起应变循环变化,并由此产生的疲劳破坏称为热疲劳。

产生疲劳必须要有两个条件,即温度循环变化和机械约束。温度的变化使材料膨胀,但由于受到约束,从而产生热应力,约束可以来自外部条件,也可以是内部的。对于增压器,所谓内部约束,是指在叶轮的截面内产生温度梯度,一部分材料约束另一部分材料,使之不能膨胀。在增压器涡轮叶轮轮盘的厚截面中,兼有纵向和横向的温度梯度,形成了三向应力状态。当一个部件由几个零件所组成,各零件所用材料的膨胀系数不同,温度变化时,各零件的变形不同,互为约束的部件中也产生热应力。此外,对于同一零件中的各个部位,如涡轮叶轮场合,由于存在温度梯度,也可能产生热应力。热应力的反复变化就可能产生热疲劳破坏。涡轮增压器的涡轮壳和涡轮叶片上经常可以观察到热疲劳引起的裂纹,这是由于发动机每次起动和停车,使叶片受到骤然的加热和冷却,因而引起热应力。多次重复的起动和停车,叶片就受到交变热应力的作用而产生裂纹。叶轮上裂纹常出现在轮盘背面外缘处呈径向裂纹,也出现在叶片进口、出口部位以及轮毂端面上。

在结构分解和载荷分析的基础上,确定增压器主要故障机理,其排序情况如表2-4所列。

表2-4 增压器主要故障机理排序表

机理排序	最低约定层次单元	故障模式	故障机理	应力类型	机理模型
1	涡轮叶片	开裂	疲劳蠕变断裂	热应力、机械应力	Larson – Miller 模型 $P(T,t_r)=T(C+\lg t_r)$
2	涡轮轮盘	开裂	疲劳蠕变断裂	热应力、机械应力	Larson – Miller 模型 $P(T,t_r)=T(C+\lg t_r)$
3	压气叶轮	开裂	机械疲劳断裂	机械应力	名义应力寿命模型 $[\sigma_a/(1-\sigma_m/\sigma_b)]^m \times N = c$
4	压端径向轴承	磨损	疲劳磨损	机械应力	$dh/dt = kPv$
5	涡端径向轴承	磨损	疲劳磨损	机械应力	$dh/dt = kPv$
6	推力轴承	磨损	疲劳磨损	机械应力	$dh/dt = kPv$
7	壳体	开裂	机械疲劳断裂	机械应力	疲劳裂纹扩展模型 Paris 公式

2.3.3 耐久性分析

涡轮叶片所受载荷主要是离心力、温度应力,同时还承受气动力。其中,离心载荷作用使涡轮叶片承受拉应力,热载荷作用使涡轮叶片产生热应力,气动载荷作用不仅会使涡轮叶片表面承受气体压力,而且由于涡轮进口气流的不稳定,在一定条件下气动载荷作用还会引起涡轮叶片发生共振。离心力的大小由增压器转速决定,所以以增压器转速为主,根据实际情况,结合温度应力,气动力进行计算状态的确定。

当涡轮处于高速旋转的状态时,涡轮就承受较大的离心载荷。涡轮所受的离心载荷与转速的关系可以表示为

$$F = mr\left(\frac{\pi n_T}{30}\right)^2 \quad (2-7)$$

式中:m 为涡轮质量;r 为涡轮半径;n_T 为涡轮的转速(r/min)。

根据涡轮叶片的应力分布特征可知,影响增压器涡轮叶片叶根应力的载荷主要为离心载荷与热载荷,与其相对应的涡轮工作状态参数为增压器转速以及涡轮进口气体温度和出口气体温度。

涡轮叶片在周期循环应力作用下的疲劳损伤是一个积累的过程,当总的疲劳损伤量达到某一数值时,就将发生疲劳破坏。目前对疲劳积累损伤模型的计算是建立在线性累积损伤理论的基础上的。

根据 GB/T 3254.2—94 中柴油机耐久性试验时间,选取耐久性试验为 800h 进行计算增压器涡轮疲劳寿命计算。根据柴油机耐久性试验步骤,把不同转速对应的应力作为一个剖面,经雨流处理后得到应力区间,得到每个应力循环值对应的应力幅、平均应力、应力循环次数、相应对称循环数、相应循环寿命和相应损伤量。

对称应力循环谱计算公式如下所示:

$$\sigma_{a*} = \frac{\sigma_a}{1 - \sigma_m/\sigma_b} \quad (2-8)$$

式中:σ_a 为应力幅;σ_m 为平均应力;σ_{a*} 为计算的对称循环应力;σ_b 为材料的极限强度。根据材料手册中应力疲劳数据,采用线性插值法获得对称应力循环下的循环寿命 N_i。

根据工况,计算出各损伤量 D_i 后,采用线性累加原理计算累积损伤:

$$D = \sum_{i=1}^{m} \frac{n_i}{N_i} \quad (2-9)$$

损伤量计算出后,可按下式计算总寿命:

$$N = \frac{1}{D} \cdot T \quad (2-10)$$

式中:T 为一个循环时间。

若增压器只考虑耐久性试验工况下的寿命,例如 $D = 0.004$,$T = 800h$,$N = 200000h$。

上述计算中没有考虑载荷的分散性,事实上,载荷谱和材料的疲劳性都存在一定的分散性。在计算寿命中,寿命分散系数根据具体情况来确定,一般取 4~6,为安全起见一般 6,那么耐久性试验下寿命 $N = T/6D$。同理,可以得到其他工况条件下增压器的寿命。

涡轮在高温环境中工作,蠕变断裂是主要破坏形式之一,因此有关设计规范都规定高温机械设备必须依据材料的长久持续强度来进行设计。目前国军标 GJB/Z 18—91 和发动机设计规范都推荐采用拉森 – 米勒(Larson – Miller,L – M)

方程进行计算。

高温蠕变模型（L-M 模型）：

$$P(T,t_r) = T(C + \lg t_r) \quad (2-11)$$

式中：t_r 为蠕变极限时间，是一个与应力水平和温度以及材料有关的变量；T 为工作温度；P 为与应力有关的量；C 为与材料相关的常数，一般为 20 左右。每种材料都有一个最小应力值，应力低于该值时，不论经历多长时间也不破裂，或者说蠕变时间无限长，这个应力值称为材料的长期强度。

将上式进行变换，可以得到如下蠕变极限时间计算公式：

$$t_r = 10^{\frac{PLM(\sigma)}{T}} \quad (2-12)$$

L-M 模型计算公式如下：

$$\lg t = b_0 + b_1/T + b_2X/T + b_3X^2/T + b_4X^3/T \quad (2-13)$$

其中：

$$T = (90\theta/5 + 32) + 460$$
$$X = \lg\sigma$$
$$b_0 = -0.22262 \times 10^2$$
$$b_1 = 0.9220277 \times 10^5$$
$$b_2 = -3.0196491 \times 10^5$$
$$b_3 = 0.1246715 \times 10^5$$
$$b_4 = -0.2746596 \times 10^4$$

其中：t 为 L-M 模型中寿命（h）；θ 为涡轮表面温度（℃）；σ 为涡轮应力大小（MPa）。

例如：设涡轮工作温度 700℃ 下，转速 29145r/min 下应力为 534MPa，求得寿命 t = 316227h，即涡轮连续工作 316227h 蠕变失效。

2.4 电控喷油器故障机理及耐久性分析

2.4.1 结构与工作原理

喷油器是高压共轨柴油机中控制喷油的最主要的执行元件。典型电控喷油器由电磁阀、针阀、控制腔、蓄压腔和压力室等组成。电控喷油器主要由三种类型部件构成：

(1) 容积腔、管路-油道、节流孔等液压部件；
(2) 针阀、顶杆、柱塞、弹簧等机械运动部件；
(3) 球阀、静铁、衔铁等电磁部件。

典型电控喷油器结构原理如图2-10所示。

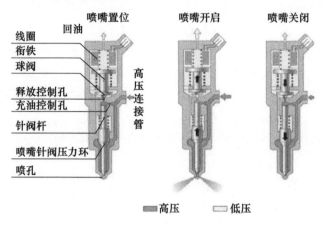

图2-10 电控喷油器结构原理图

根据喷油器在实际工作中的动作或状态变换,将喷油器从静止到一个喷油循环的结束划分为四个阶段:

第一阶段为喷油器静止状态。将喷油器还未开始工作的状态作为第一阶段,这一阶段还没有通电,电磁阀主要是受弹簧的弹力控制,弹簧的弹力控制球阀使喷油器的释放控制孔关闭,导致控制室压力增加,直到与共轨管内的压力相同时停止增加。同时,通向喷嘴的供油通道内的压力也增加直到和共轨管内的压力相同。此时,控制室的压力等于喷嘴供油通道内的压力,分析针阀两端受力的关系,可以发现针阀上端受到的压力是弹簧的弹力加上共轨管内的油压压力,而针阀下端则只受到共轨管内油压的压力,因此针阀所受的压力方向向下,喷孔被堵住,不能喷油。

第二阶段是喷油器刚开始工作的阶段。这一阶段,给电磁阀通电,通电后电磁阀的磁力大于弹簧的弹力,电磁阀向上运动,释放控制孔被打开,控制室内的高压燃油向上经过释放控制孔流入释放油腔,这个过程是一个缓慢的过程,此时,控制室的压力和喷嘴供油通道压力基本相同,但喷油嘴已经被打开,喷油器开始了喷油。

第三阶段为喷油器正常喷油阶段。当第二阶段完成后,即针阀向上运动到顶端时,喷油嘴的开度最大且保持不变,此时喷油器正常进行喷油,喷油的压力和共轨管内的压力基本相同。

第四阶段为喷油器关闭的阶段。这一阶段电磁阀断电,电磁阀失去磁力,又如同第一阶段时,只受弹簧的弹力作用,电磁阀向下运动利用球阀关闭释放控制孔,针阀两端受力如同第一阶段,针阀向下运动,直到使喷油孔关闭,结束喷油。

由喷油的过程可以得知,喷油量的大小由电磁阀的控制信号和燃油喷射的压力共同决定,而且喷嘴加工的一致性、控制电路参数、喷射压力的稳定程度共同决定了喷油量的均匀性。喷射定时由电磁阀的通电时刻来决定,喷油量由喷射压力和接通电磁阀的持续时间来共同确定。

2.4.2 故障模式及机理分析

根据柴油机电控喷油器的结构组成、工作原理及工作特征,将喷油器分为三个层次:初始约定层次单元(柴油机电控喷油器)、第二约定层次(针阀偶件、控制柱塞组件等)、最低约定层次(针阀、焊接针阀体等),如图2-11所示。

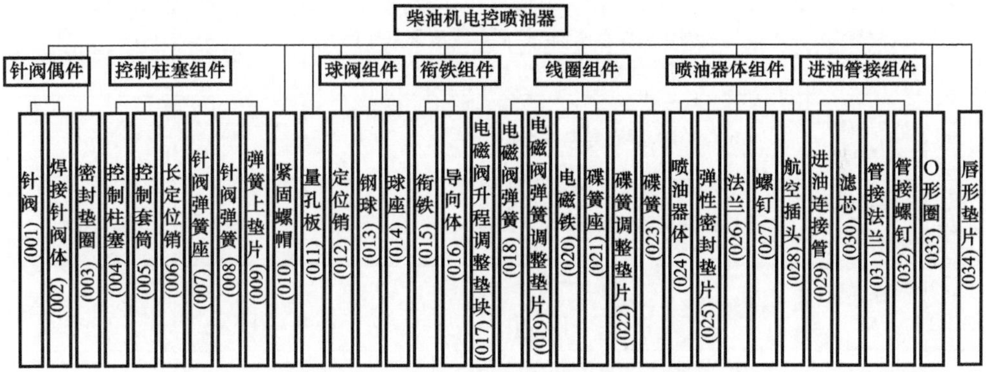

图2-11 柴油机电控喷油器结构层次图

根据柴油机电控喷油器的常规应力载荷谱进行整体载荷分析,确定在寿命周期内的工作载荷及环境载荷类型,并根据受试产品的工作原理,分析各最低约定层次单元及单元之间的接触方式与工作方式,综合确定最低约定层次单元的局部载荷类型,如表2-5所列。

表2-5 电控喷油器载荷及机理分析过程

序号	最低约定层次单元名称(编码)	数量	载荷分析及机理确定过程	寿命周期内是否存在耗损机理	对应的敏感载荷类型
1	针阀(001)	1	外表层有涂层,与针阀体存在相对运动作用,上表面与控制柱塞接触,运动行程0.4~0.6mm,弹簧起到预紧复位作用,导向存在磨损机理,针头处最高200℃左右,座面存在高温下冲击作用	是	温度,弹簧作用力,油压(额定160MPa),行程
2	焊接针阀体(002)	1	由针阀体与冷却套焊接形成,与针阀存在磨损作用,浸入燃烧室,存在交变的温度,存在安装预紧力作用,安装处振动的载荷(内部通低温润滑油70℃),燃烧室温度最低40℃左右,平均300℃,最高1000℃,存在温度梯度,燃油的高低压作用对锥面、喷孔产生穴蚀作用	是	温度,振动,油压,安装作用力,行程

21

续表

序号	最低约定层次单元名称(编码)	数量	载荷分析及机理确定过程	寿命周期内是否存在耗损机理	对应的敏感载荷类型
3	密封垫圈(003)	1	与柴油机缸盖安装作用	否	—
4	控制柱塞(004)	1	外表层有涂层,与控制套筒存在相对运动作用,运动行程0.4~0.6mm,下表面与针阀接触,导向存在磨损机理	是	行程,油压
5	控制套筒(005)	1	与控制柱塞存在磨损,安装存在预紧力作用,套筒内部存在高压油	是	行程,油压
6	长定位销(006)	2	定位控制套筒、导向体作用	否	—
7	针阀弹簧座(007)	1	连接弹簧和针阀,传导弹簧力	是	弹簧作用力
8	针阀弹簧(008)	1	预紧复位针阀	是	行程
9	弹簧上垫片(009)	1	弹簧上表面,调节行程	否	—
10	紧固螺帽(010)	1	连接三对偶件,量孔板和喷油器体,承受振动载荷	是	振动
11	量孔板(011)	1	位于控制套筒上表面,与球阀存在冲击作用,导致球阀和锥面的剥落,燃油的高低压作用对锥面产生穴蚀作用	是	冲击,油压
12	定位销(012)	4	定位作用	否	—
13	钢球(013)	1	量孔板上方,起密封作用,与量孔板存在冲击作用,燃油的高低压作用对钢球产生穴蚀作用	是	冲击,油压,温度
14	球座(014)	1	与钢球和衔铁存在冲击作用(行程0.12~0.13),下表面存在高压油的冲击作用(均值200m/s多,峰值500m/s)	是	冲击,油压,温度
15	衔铁(015)	1	存在交变载荷,疲劳机理,偏磨会影响电磁阀的响应性能(钢球位置附近130℃左右),上表面与线圈下表面存在冲击作用	是	油压(产生不平衡作用),电磁力,弹簧力,行程,温度
16	导向体(016)	1	与衔铁存在磨损,安装存在预紧力作用,套筒内部存在高压油	是	行程,油压

续表

序号	最低约定层次单元名称(编码)	数量	载荷分析及机理确定过程	寿命周期内是否存在耗损机理	对应的敏感载荷类型
17	电磁阀升程调整垫块(017)	1	调整支撑作用	否	—
18	电磁阀弹簧(018)	1	支撑和复位作用,产生疲劳作用	是	行程
19	电磁阀弹簧调整垫片(019)	1	调整支撑作用	否	—
20	电磁铁(020)	1	外购件,线圈骨架脱出,焊点和滚压的强度	是	振动,冲击
21	碟簧座(021)	1	固定安装电磁铁	否	—
22	碟簧调整垫片(022)	1	调整支撑作用	否	—
23	碟簧(023)	1	预紧作用,应力松弛,温度小于100℃	是	预紧力,温度
24	喷油器体(024)	1	内部存在高压油,存在两个方向的振动作用,与进油连接管接触	是	油压,振动,环境温度和油液温度
25	弹性密封垫片(025)	1	起到自密封作用,交变的油压,工况的改变,温度70℃左右	是	油压
26	法兰(026)	1	起到密封作用,交变的油压,工况的改变,温度70℃左右,螺钉的预紧力	是	油压
27	螺钉(027)	10	预紧力,振动,油压	是	预紧力,振动,油压
28	航空插头(028)	1	振动导致焊点脱落	是	振动
29	进油连接管(029)	1	在预紧力的作用下进油,进口与出口位置出现磨损	是	振动,油压,预紧力
30	滤芯(030)	1	过滤油液杂质	否	—

续表

序号	最低约定层次单元名称(编码)	数量	载荷分析及机理确定过程	寿命周期内是否存在耗损机理	对应的敏感载荷类型
31	管接法兰(031)	1	连接进油连接管	否	—
32	管接螺钉(032)	2	固定法兰盘	是	振动,预紧力
33	O形圈(033)	11	静密封作用,最高温度120℃、最低80℃左右	是	温度
34	唇形垫片(034)	1	起密封作用,承受交变油压,存在应力松弛	是	油压,油温

由上表的载荷分析,确定最低约定层次单元的工作载荷类型有:行程、燃油压力、负载力、工作介质温度,环境载荷类型有:环境温度、振动载荷。

在结构分解和载荷分析的基础上,确定喷油器主故障机理,其排序情况如表2-6所列。

表2-6 喷油器主故障机理排序表

机理排序	最低约定层次单元	对应机理	备注
1	针阀(001)	冲击疲劳(001002BCD)	仿真获取冲击载荷作用下的应力和应变
2	焊接针阀体(002)	冲击疲劳(001002BDE)	仿真获取冲击载荷作用下的应力和应变
3	控制柱塞(004)	冲击疲劳(004011BC)	仿真获取冲击载荷作用下的应力和应变
4	量孔板(011)	冲击疲劳(004011BC)	仿真获取冲击载荷作用下的应力和应变
5	量孔板(011)	冲击疲劳(011013BC)	仿真获取冲击载荷作用下的应力和应变
6	钢球(013)	冲击疲劳(011013BCD)	仿真获取冲击载荷作用下的应力和应变
7	球座(014)	冲击疲劳(014015BCD)	仿真获取冲击载荷作用下的应力和应变
8	衔铁(015)	冲击疲劳(015020BCD)	仿真获取冲击载荷作用下的应力和应变
9	电磁铁(020)	冲击疲劳(015020BCD)	仿真获取冲击载荷作用下的应力和应变

续表

机理排序	最低约定层次单元	对应机理	备注
10	针阀（001） 焊接针阀体（002）	磨损（001002A）	仿真计算摩擦副之间的作用力
11	控制柱塞（004） 控制套筒（005）	磨损（004005A）	仿真计算摩擦副之间的作用力
12	衔铁（015） 导向体（016）	磨损（015016A）	仿真计算摩擦副之间的作用力
13	唇形垫片（034）	疲劳（032BD）	计算唇形垫片密封过程中承受的燃油压力导致的疲劳损伤
14	唇形垫片（034）	应力松弛（032BD）	计算唇形垫片密封过程中承受的燃油压力导致的应力松弛
15	焊接针阀体（002）	热疲劳（002DE）	通过温度场仿真计算热应力
16	电磁铁（020）	疲劳（020C）	仿真计算焊缝位置和凸台由于冲击作用产生的应力
17	喷油器体（024）	疲劳（024BDE）	综合考虑油温、环境温度和油压作用下的载荷，利用仿真应力计算疲劳寿命
18	喷油器体（024）	冲击疲劳（024F）	仿真获取冲击载荷作用下的应力和应变
19	螺钉（027）	疲劳（027BC）	仿真工作载荷下的螺纹应力
20	进油连接管（029）	冲击疲劳（029F）	仿真获取冲击载荷作用下的应力和应变
21	焊接针阀体（002）	振动疲劳（002F）	计算振动载荷下的应力响应
22	紧固螺帽（010）	振动疲劳（010F）	计算振动载荷下的应力响应
23	电磁铁（020）	振动疲劳（020F）	计算振动载荷下的应力响应

续表

机理排序	最低约定层次单元	对应机理	备注
24	喷油器体（024）	振动疲劳（024F）	计算振动载荷下的应力响应
25	螺钉（027）	振动疲劳（027F）	计算振动载荷下的应力响应
26	航空插头（028）	振动疲劳（028F）	计算振动载荷下的应力响应
27	进油连接管（029）	振动疲劳（029F）	计算振动载荷下的应力响应
28	管接螺钉（032）	振动疲劳（032F）	计算振动载荷下的应力响应
29	控制套筒（005）	疲劳（005B）	理论计算交变载荷下的疲劳寿命
30	针阀弹簧座（007）	疲劳（007C）	理论计算交变载荷下的疲劳寿命
31	针阀弹簧（008）	疲劳（008A）	理论计算交变载荷下的疲劳寿命
32	导向体（016）	疲劳（016B）	理论计算交变载荷下的疲劳寿命
33	电磁阀弹簧（018）	疲劳（018A）	理论计算交变载荷下的疲劳寿命
34	弹性密封垫片（025）	疲劳（025B）	理论计算交变载荷下的疲劳寿命
35	法兰（026）	疲劳（026B）	理论计算交变载荷下的疲劳寿命
36	O形圈（033）	老化（033DE）	理论计算O形圈的老化寿命
37	碟簧（023）	应力松弛（023CD）	理论计算应力松弛寿命

2.4.3 耐久性分析

针对球阀冲击疲劳机理，开展数值仿真分析，获取不同工况条件下的冲击应力，并在此基础上开展耐久性指标计算。考虑到实际使用环境条件下的超高周疲劳问题,通过分析材料在超高周条件下的疲劳性能,预测电磁阀的理论寿命。

根据电控喷油器的几何信息,建立球阀冲击模型,如图2-12所示。

图2-12 钢球与量孔板简化计算模型

仿真过程中所需的材料参数如表2-7所列,在仿真过程中,共设置8组工况,每组工况对应着不同的油压、冲击初速度及球阀杆受力。其中,冲击初速度及球阀杆受力大小采用试验实测值,详细参数如表2-8所列。

表2-7 材料参数

计算对象	材料	弹性模量/MPa	泊松比	密度/(kg/m³)	屈服强度/MPa
球阀及球阀杆	GCr15	2.16×10^5	0.3	7850	930

表2-8 边界参数

工况	油压/MPa	撞击初速度/(m/s)	受力/N
1	160	0.54	31
2	140	0.787	39
3	70	0.883	69
4	150	0.788	35
5	130	0.824	43
6	120	0.824	47
7	100	0.862	56
8	60	0.916	72

根据上述条件,对电磁阀钢球与密封锥面的冲击过程进行了瞬态动力学仿真分析。设置冲击持续时间为$40\mu s$,图2-13和图2-14给出了密封锥面和球阀底部在两个不同时刻接触瞬间的应力分布云图。从图2-13和图2-14可以看出,应力最大位置均出现在撞击面附近,呈环带分布。

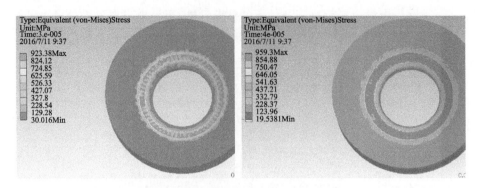

图 2-13 密封锥面应力分布图(彩图)

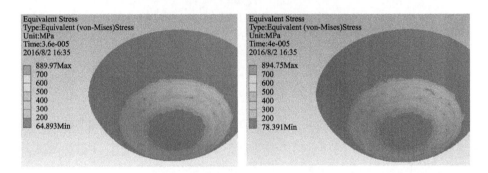

图 2-14 钢球底部应力分布(彩图)

提取各个工况下钢球撞击面的应力数据,得到冲击应力变化曲线,如图 2-15 所示。

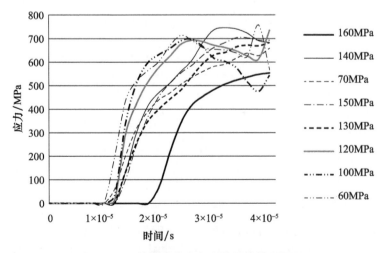

图 2-15 钢球撞击面应力变化曲线(彩图)

对应每个工况取最大应力值作为耐久性指标计算的输入,如表 2-9 所列。

表2-9　各工况钢球应力最大值

工况/MPa	160	140	70	150	130	120	100	60
最大应力/MPa	553.43	745.34	659.03	702.82	682.87	735.1	697.48	756.97

根据密封锥面应力计算结果,得到冲击应力变化曲线,如图2-16所示。

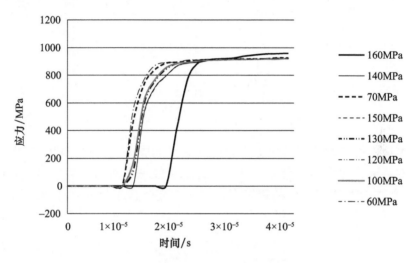

图2-16　密封锥面应力变化曲线(彩图)

对应每个工况取最大应力值作为耐久性指标计算的输入,如表2-10所列。

表2-10　各工况密封锥面应力最大值

工况/MPa	160	140	70	150	130	120	100	60
最大应力/MPa	959.3	917.3	924.7	917.3	920.5	920.8	922.8	923.92

分析数据可知球阀撞击的最大应力发生在量孔板,最大应力值为959.3MPa,油压为160MPa。球阀与底座撞击的最大应力主要取决于撞击速度。

根据以上仿真分析的结果及产品实际工况,球阀处于推进用途下的全寿命周期内撞击次数为1.56×10^8次,发电用途的撞击次数为1.8×10^8次。通过查阅文献,现已找到钢球材料GCr15的超高周疲劳的S-N曲线,如图2-17所示。

从图2-17中可以看出,GCr15的S-N曲线取对数后,在超高周区域大体呈现线性下降趋势,即针对超高周疲劳问题不存在疲劳极限。通过线性拟合,获取材料的疲劳参数b为3.94。因此,依据现有超高周疲劳数据结合名义应力法计算获取的钢球理论疲劳寿命是较为准确的结果。

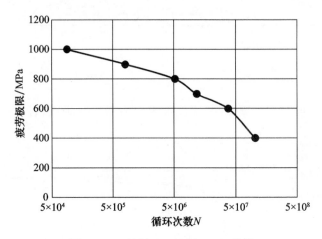

图 2-17 材料 GCr15 的 S-N 曲线

球阀撞击过程中所得的应力变化情况表示的应力比为 $R=0$,针对这一情况先采用 Goodman 平均应力修正方法进行应力修正获取等效平均应力 $\sigma_e(R=1)$,再从 S-N 曲线上读取对应的疲劳寿命。应力寿命模型(Goodman 修正公式)表示为

$$\sigma_a = \sigma_{-1}\left(1 - \frac{\sigma_m}{\sigma_s}\right) \qquad (2-14)$$

根据 Goodman 修正公式,冲击疲劳失效模型可以表示为

$$\left(\frac{\sigma_a}{1-\sigma_m/\sigma_b}\right)^m \times N = c \qquad (2-15)$$

式中:σ_a 为冲击应力幅;σ_m 为平均冲击应力;σ_b 为材料的抗拉强度;m 和 c 为材料、应力比、加载方式等有关的参数。

选取钢球与量孔板在撞击过程中的应力最大值,采用名义应力法分别计算在推进和发电两种工作条件下针阀撞击过程中的理论寿命。相应的材料参数及理论寿命计算结果如表 2-11、表 2-12 所列。

1) 推进状态

表 2-11 钢球等效平均应力计算结果

工况/MPa	160	140	70
最小应力 σ_{min}/MPa	0	0	0
最大应力 σ_{max}/MPa	553.43	745.34	659.03
拉伸强度极限 σ_b/MPa	2310	2310	2310
实际周数 n_i/周	1.92×10^7	1.19×10^8	1.78×10^7
等效平均应力 σ_e/MPa	314.4	444.4	384.3

续表

工况/MPa	160	140	70
与材料疲劳性能相关的常数 b	3.94	3.94	3.94
许用疲劳次数	2.32×10^8	5.93×10^7	1.05×10^8
损伤 D_i	0.0828	2.0100	0.1695
损伤 D		2.2622	
理论寿命		6.91×10^7	

表 2-12 量孔板等效平均应力计算结果

工况/MPa	160	140	70
最小应力 $\sigma_{\min}$/MPa	0	0	0
最大应力 $\sigma_{\max}$/MPa	959.3	917.3	924.7
实际周数 n_i/周	1.92×10^7	1.19×10^8	1.78×10^7
拉伸强度极限 σ_b/MPa	2080	2080	2080
与材料疲劳性能相关的常数 b	3.16	3.16	3.16
等效平均应力 σ_e/MPa	623.4	588.4	594.5
许用疲劳次数	1.03×10^7	1.24×10^7	1.20×10^7
损伤 D_i	1.8572	9.6115	1.4828
损伤 D		12.9515	
理论寿命		1.21×10^7	

2) 发电状态

表 2-13 钢球等效平均应力计算结果

工况/MPa	160	130	100
最小应力 $\sigma_{\min}$/MPa	0	0	0
最大应力 $\sigma_{\max}$/MPa	553.43	682.87	682.87
拉伸强度极限 σ_b/MPa	2310	2310	2310
实际周数 n_i/周	1.8×10^7	1.17×10^8	4.5×10^7
与材料疲劳性能相关的常数 b	3.94	3.94	3.94
等效平均应力 σ_e/MPa	314.4	400.7	400.7
许用疲劳次数	2.32×10^8	8.92×10^7	8.92×10^7
损伤 D_i	0.0776	1.3113	0.5043
损伤 D		1.8932	
理论寿命		9.51×10^7	

表2-14 量孔板等效平均应力计算结果

工况/MPa	160	130	100
最小应力 σ_{min}/MPa	0	0	0
最大应力 σ_{max}/MPa	959.3	917.27	920.51
实际周数 n_i/周	1.8×10^7	1.17×10^8	4.5×10^7
拉伸强度极限 σ_b/MPa	2080	2080	2080
与材料疲劳性能相关的常数 b	3.16	3.16	3.16
等效平均应力 σ_e/MPa	623.4	588.3	591
许用疲劳次数	1.03×10^7	1.24×10^7	1.22×10^7
损伤 D_i	1.7412	9.4268	3.6779
损伤 D	14.8458		
理论寿命	1.21×10^7		

根据以上仿真分析的结果及产品实际工况,钢球及量孔板的撞击理论寿命均不满足指标要求。

(1)针对钢球单元,由于已知材料在超高周下的疲劳性能,即呈对数线性下降趋势,无疲劳极限。通过现有数据拟合出的疲劳参数及名义应力法能够很好近似表示材料的S-N曲线,计算得到的理论寿命较为准确。因此,钢球的理论寿命确实无法满足寿命指标要求。

(2)通过仿真计算结果可知,量孔板单元的等效平均应力接近但不超过材料的疲劳极限。如图2-18所示,量孔板的疲劳寿命及应力水平所对应的点落在1或者2的位置,基于现有数据采用名义应力法计算得到的理论寿命无法满足指标要求。因为名义应力法认为循环次数大于10^7次下的极限应力继续下沿,计算出的理论寿命过于保守,无法反映量孔板的真实情况,所以需要针对实际材料的S-N曲线进行分析。若材料在超高周下的疲劳性能存在下降趋势,且等效平均应力处于1区域,可判定量孔板无法满足指标要求。但是若疲劳极限不存在下降趋势,则只要应力小于疲劳极限,均可认为满足寿命指标要求。针对现有材料超高周疲劳性能未知的情况,建议开展试验,获取该材料的超高周疲劳性能。

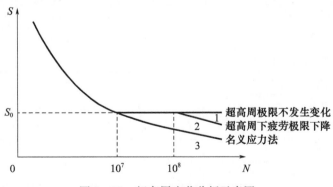

图2-18 超高周疲劳分析示意图

2.5 高压油泵故障机理及耐久性分析

2.5.1 结构与工作原理

高压油泵是高压共轨系统的核心部件,其对计量过的低压燃油进行压缩,建立高压,并向共轨管输送,是高压共轨系统的液动力源头。一旦高压油泵出现故障,轨压无法正常建立,柴油机的高效、稳定运行就无法得到保障。

高压油泵所在的电控共轨系统如图 2-19 所示。由两台高压油泵(以下简称为 A 泵、B 泵)为共轨系统提供高压燃油,经压缩后的高压燃油首先供给分配块,然后经高压油管供给共轨管。

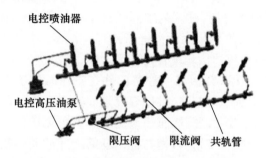

图 2-19 高压油泵在电控共轨系统中

高压油泵为电控 4 柱塞直列泵,其功能如图 2-20 所示。

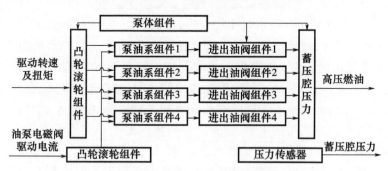

图 2-20 高压油泵功能组成

柴油机高压油泵属于柱塞式油泵,其工作原理是柱塞泵通过对柱塞的轴向旋转角度来调整其有效压距。当压流量达到油泵所控制的值时,发动机曲轴旋转,并通过齿轮带动凸轮轴转动,凸轮轴带动油泵顶杆做周期运动。油泵顶杆的周期运动使柱塞在柱塞套内做往复直线运动,配合泵的作用,使两个油阀在配合作用下完成压油和吸油工作,并产生瞬间高压。

进油电磁阀对进油流量计量,计量后的燃油经由柱塞组件和进出油阀组件构成的泵油系压缩至蓄压腔组件,最后被输送至高压油管。凸轮、滚轮组件驱动柱塞组件泵油。凸轮为双桃形结构,凸轮轴每转动1周,油泵泵油8次。电控高压油泵为升速泵,油泵转速和柴油机曲轴转速比固定。压力传感器测量高压油泵蓄压腔内的瞬时压力。

2.5.2 故障模式及机理分析

根据实际应用情况,高压油泵的主要故障模式是柱塞偶件卡滞或咬死故障、凸轮轴断裂等。

柱塞偶件由套筒和柱塞两部分构成,柱塞在套筒内上下往复运动产生泵吸作用。柱塞工作时会产生热量,因此需要对柱塞进行冷却与润滑。柱塞上部通过泵油腔的燃油进行冷却和润滑,柱塞的中部通过流入的少量燃油进行冷却与润滑,柱塞的下部则通过流入的少量润滑油进行冷却与润滑。柱塞偶件咬死现象常发生在柱塞中部与套筒内部油槽相配合的环面之间,该部位如果不能很好地冷却或者有积垢时,就容易发生咬死故障。柱塞偶件在工作时处于高温、高压的工作环境中,往复运动会产生大量的热量,柱塞套筒是固定在泵体上的,所以柱塞套筒上的热量可以经由泵体传导出去,然而柱塞上的热量则无法传递,若无有效的散热措施,柱塞受热后会发生热变形,柱塞与柱塞套筒之间的间隙很小,柱塞热变形后与柱塞套筒接触,就会发生咬死。高压油泵柱塞是依靠燃油本身润滑的。当燃油温度过高,黏度下降,且燃油中含有杂质时,在高负荷下,高压油泵柱塞摩擦加剧,柱塞磨损严重,间隙过大,泄漏量增大,无法正常建立油压。

柱塞"穴蚀"也是导致柱塞偶件咬卡的原因之一。回油开始瞬间,回油孔开度较小,高压燃油节流,流速急剧变快。而且油流与回油流道脱离形成涡流,压力急剧降低,形成低压区,部分油液汽化生成气泡。随着燃油回流,回油孔开度又变大,燃油流速降低,压力升高。原先汽化生成的小气泡被挤压破灭,在回油孔对应的柱塞表面形成高度真空。旁边的燃油高速冲击在柱塞表面,形成穴蚀。回油孔对应的柱塞表面正是斜槽的上方,因此穴蚀位置多发生在斜槽的上方。而且在常用负荷时与回油孔相对的柱塞表面处最严重,使柱塞表面的金属受到破坏,外形尺寸发生改变,柴油机性能下降,甚至柱塞损坏。燃油进机温度越高,黏度和表面张力越低,对应的饱和压力越低,越容易汽化产生气泡,导致穴蚀。同时油温越高气泡破裂速度加快,穴蚀加剧。另一方面,燃油黏度太低,导致柱塞与套筒之间的润滑不良,进一步加剧柱塞与套筒之间的磨损破坏。

高压油泵凸轮轴断裂。凸轮轴在使用过程中,主要受到来自滚轮部件向下的力、各滑动轴承处的支持力、传动齿轮传递的扭矩。凸轮轴在交变应力作用下导致凸轮轴产生微裂纹,以疲劳方式扩展至断裂。

根据高压油泵的结构组成、工作原理,开展产品的故障模式及机理分析,如表 2-15 所列。

表 2-15 高压油泵主要故障模式及机理排序表

机理排序	最低约定层次单元	故障模式	故障机理	应力类型	机理模型
1	柱塞	磨损	油压脉动疲劳	机械应力	应力寿命模型 $[\sigma_a/(1-\sigma_m/\sigma_b)]^m \times N = c$
			穴蚀	机械应力	—
2	柱塞套	磨损	油压脉动疲劳	机械应力	应力寿命模型 $[\sigma_a/(1-\sigma_m/\sigma_b)]^m \times N = c$
3	凸轮轴	断裂	冲击疲劳	机械应力	应力寿命模型 $[\sigma_a/(1-\sigma_m/\sigma_b)]^m \times N = c$
4	传动齿轮	磨损	磨粒磨损	机械应力	Archard 模型 $dh/dt = kPv$
		断裂	疲劳	机械应力	应力寿命模型 $[\sigma_a/(1-\sigma_m/\sigma_b)]^m \times N = c$
5	泵体	断裂	疲劳	机械应力	裂纹扩展模型 Paris 公式
6	泵盖	磨损	微动磨损	机械应力	$\sigma_{n,\max} \cdot \dfrac{\Delta\varepsilon_1}{2} = \dfrac{\sigma_f'^2}{E}(2N_f)^{2b} + \sigma_f' \times \varepsilon_f'(2N_f)^{b+c}$
7	柱塞弹簧	断裂	疲劳	机械应力	裂纹扩展模型 Paris 公式
		塑性变形	应力大于材料屈服强度	机械应力	$Z = \sigma_s - \sigma_{\max}$
8	导向活塞	磨损	疲劳磨损	机械应力	Archard 模型 $dh/dt = kPv$
9	滚轮销	磨损	疲劳磨损	机械应力	Archard 模型 $dh/dt = kPv$
10	比例阀	卡滞	驱动力$[F]$小于运动阻力F	机械应力	$Z = [F] - F$
11	出油阀	卡滞	驱动力$[F]$小于运动阻力F	机械应力	$Z = [F] - F$
12	进油阀	卡滞	驱动力$[F]$小于运动阻力F	机械应力	$Z = [F] - F$

2.5.3 耐久性分析

2.5.3.1 柱塞套与泵盖疲劳寿命分析

根据柱塞套和泵盖的几何信息,建立有限元模型,如图 2-21 所示。

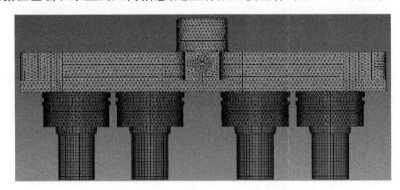

图 2-21 装配好的柱塞套和泵盖有限元模型

柱塞套和泵盖的属性如表 2-16 所列。

表 2-16 材料属性

材料名称	弹性模量/MPa	泊松比	屈服强度/MPa	抗拉强度/MPa	延伸率(%)
柱塞套	210000	0.3	1050	1600	14
泵盖	209000	0.29612	835	1200	12

柱塞套和泵盖之间不仅存在着因为预紧而产生的预紧力,还存在因为柱塞与泵盖之间的内壁燃油而产生的燃油压力,这里主要计算这两种力对柱塞和柱塞泵产生的变形以及柱塞和柱塞泵所承受的应力状态。

施加载荷条件:泵盖和柱塞套之间采用螺钉预紧的形式进行预紧,螺钉预紧所设计的预紧力矩为 $T = 50\text{N} \cdot \text{m}$,查行业相关手册得知,该预紧力 $F = 26300\text{N}$。柱塞泵在工作过程中,四个柱塞腔不是同时工作,而是连续交替工作的,所以在工作过程中四个柱塞腔内的油压不会同时达到最大,而且每个柱塞腔内的工况可能存在细微的差别。柱塞泵受力参数如表 2-17 所列。

表 2-17 受力参数

力的名称	柱塞套1	柱塞套2	柱塞套3	柱塞套4
螺钉预紧力/N	26300	26300	26300	26300
柱塞弹簧预紧力/N	984	984	984	984
泵盖应力/N	175.026	174.66	176.183	176.119

对有限元模型施加载荷,进行应力分布分析。各柱塞套的受力及变形情况大

致一致。以第1、4号缸为例,根据实际情况施加载荷,得到柱塞套和缸盖的最大应力。柱塞套最大的应力值为509.7MPa,柱塞套的最大应力出现在柱塞套4的最小油腔半径处(灰白色区域部分),见图2-22。查阅相关设计手册得知,柱塞套所用材料的屈服强度为1050MPa,其所受的最大应力是远远小于材料的屈服强度的,最大应力远远未达到材料的屈服强度极限点。泵盖上最大应力值为423.5MPa,泵盖的最大应力出现在与柱塞套4相连的油道拐角处的灰白色区域部分,如图2-23所示。查阅相关设计手册得知,泵盖所用材料的屈服强度为835MPa,泵盖上出现应力的最大值仅为泵盖材料屈服强度极限值的一半,可以得出结论,此时最大应力远远未达到屈服极限点。

在上述最大应力状态下,利用疲劳分析软件fe-safe对其进行简单的疲劳寿命计算。在泵盖所受到的最大应力状态下,泵盖的疲劳寿命基本达到1×10^9次以上,说明泵盖的疲劳寿命满足高压油泵的使用需求。在柱塞套所受到的最大应力状态下,柱塞套的疲劳寿命基本达到1×10^9次以上,说明柱塞套的疲劳寿命满足高压油泵的使用需求。

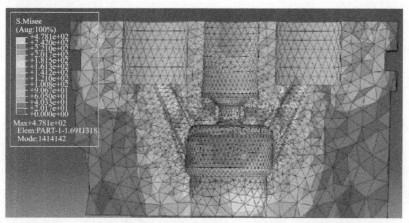

图2-22 1、4号缸临界状态对应的柱塞套最大应力处(彩图)

图2-23 1、4号缸临界状态对应的泵盖最大应力处(彩图)

柱塞套油压脉动疲劳失效模型：

$$\left(\frac{\sigma_a}{1-\sigma_m/\sigma_b}\right)^m \times N = c \qquad (2-16)$$

式中：σ_a 为应力幅；σ_m 为平均应力；σ_b 为材料的抗拉强度；m,c 为与材料、应力比、加载方式等有关的参数。

2.5.3.2 凸轮-滚轮机构疲劳寿命分析

将凸轮-滚轮的接触视为两平行圆柱体间的准静态问题处理。凸轮上各点的曲率半径和作用力不相等，从而相应的赫兹应力也不同。取柱塞腔内最大油压点油压值为176MPa，即只对凸轮与滚轮最大接触应力点处进行研究。凸轮-滚轮的材料均为17CrNiMo6，$E = 2.1 \times 10^5$ MPa，$\mu = 0.3$，代入赫兹接触应力计算公式，有

$$\sigma_H = 0.418\sqrt{FE/RL} \qquad (2-17)$$

式中：F 在 ADAMS 仿真分析中提取为28100N；$L = 29$mm 为接触线的长度；E 为等效弹性模量；R 为综合曲率半径。综合曲率半径 R 与凸轮最高油压时刻的曲率半径 $R_1 = 44.5$mm 和滚轮的半径 $R_2 = 29.6$mm 的关系如下式：

$$\frac{1}{R} = \frac{1}{R_1} + \frac{1}{R_2} \qquad (2-18)$$

将数据代入公式，得到接触应力为1414MPa。

建立凸轮-滚轮-轴销的几何模型，如图2-24所示。凸轮轴上的转动形式为转动副，滚轮与轴销之间的转动形式也是通过转动副来转动。凸轮与滚轮之间，滚轮和轴销之间均采用高副的形式接触，属于接触副。

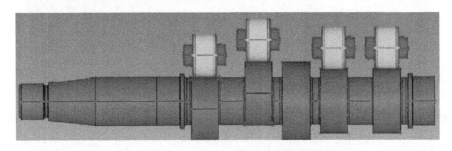

图2-24 凸轮-滚轮-轴销几何模型

根据各凸轮轴上凸轮所受到的最大压强值，通过下面两个公式计算出各凸轮所受到的力的最大值（最大力的方向为 Y 方向，弹簧预紧力取984N）：

$$F = P \times S \qquad (2-19)$$
$$S = \pi \times r^2 \qquad (2-20)$$

式中：F 为凸轮-滚轮 Y 向力；P 为油压值；S 为柱塞面积；r 为柱塞半径。

各凸轮-滚轮之间的法向作用力的最大值如表2-18所列。

表2-18 各凸轮所受力的最大值表

凸轮编号	1	2	3	4
最大油压/MPa	175.0263	176.18	176.119	174.66
最大压力/N	26943.14	27121.27	27111.41	26886.79
弹簧预紧力/N	984	984	984	984
最大受力/N	27927.14	28105.27	28095.41	27870.79

凸轮-滚轮的材料特性参数如表2-19所列。

表2-19 材料参数

部件名称	材料	弹性模量/MPa	泊松比	抗拉极限/MPa	屈服强度/MPa	断面延伸率（%）
凸轮-滚轮	18CrNiMo7-6	2.1×10^5	0.3	1400	1050	14

在实际工作中,凸轮轴上的4个凸轮不能够同时到达极限位置,所以在划分网格时需要考虑到凸轮与滚轮接触的4种情况,根据这4种情况再来分别对凸轮和滚轮的极限位置进行分析。这4种情况分别为:

(1)凸轮一与滚轮一相接触;
(2)凸轮二与滚轮二相接触;
(3)凸轮三与滚轮三相接触;
(4)凸轮四与滚轮四相接触。

在对凸轮与滚轮接触的分析过程中,因为这4种情况的有限元模型基本一致,加载和约束的方法也是一致的,唯一不同的就是这几个凸轮和滚轮所处位置不一样。为了避免计算单元过多,增加计算时间和工作量,在计算凸轮-滚轮受力情况的时候只导入单个的凸轮-滚轮进行计算,其他的几个凸轮-滚轮之间的受力均用一个很小的均布力来代替,如图2-25所示。

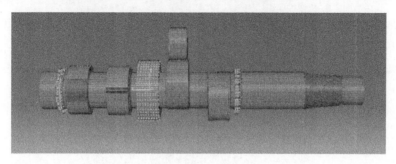

图2-25 整体网格图及受力分布(彩图)

在凸轮轴安装轴承的地方,需要约束它的全部自由度,使其处于固定不动的状态。然后在凸轮中部圆轴处约束Y方向自由度,释放滚轮Y方向的自由度。接着在凸轮与滚轮之间建立接触,并定义接触的属性为friction,凸轮与滚轮的摩擦系数为0.15。当供油结束时,泵腔内部压力达到最大值,柱塞此时受到的机械力与液压力也达到最大值,此时滚轮对凸轮的作用力达到最大,将之前计算的最大压力值以集中应力的形式加载在滚轮内表面抓取出的中心点上,如图2-26所示。

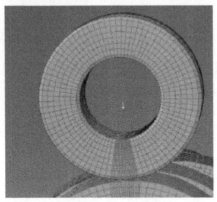

图2-26　滚轮受载

将凸轮-滚轮的模型通过有限元法的计算后,所得到的最大接触应力为1404MPa,最大应力出现的位置在凸轮-滚轮相接触的位置,如图2-27和图2-28所示,其中红色部分区域为凸轮-滚轮出现的最大接触应力处。滚轮-凸轮接触的宽度大约在9.808mm左右。前面通过赫兹接触理论所计算出的接触应力最大值为1414MPa。将有限元法和赫兹接触理论所得到的计算结果相比较,两个结果相差不大。

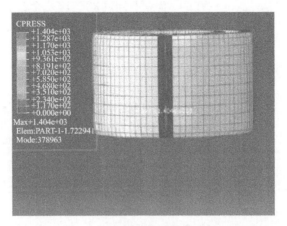

图2-27　二号位置滚轮接触应力图(彩图)

考虑材料所要进行的热处理增加材料的疲劳极限,在原有的基础上增加45MPa,设置材料的疲劳极限值为535MPa。根据材料属性,将模型导入fe-safe软件中进行计算,最后得到凸轮-滚轮的疲劳寿命云图,如图2-29所示。凸轮滚

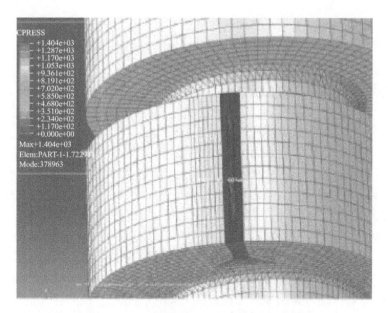

图 2-28 二号位置凸轮接触应力图(彩图)

轮的表面经过硬化处理后,凸轮与滚轮相接触处的疲劳寿命值最低,其中凸轮最低寿命为 $1\times10^{10.1}$ 次,滚轮寿命为 $1\times10^{9.584}$ 次,凸轮和滚轮的最低寿命值基本能够满足使用需求。

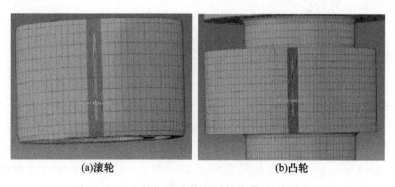

(a)滚轮　　　　　　　　　(b)凸轮

图 2-29 二号位置滚轮和凸轮寿命云图(彩图)

2.6 海水泵故障机理分析

2.6.1 结构与工作原理

海水泵是船舶柴油机冷却水系统中非常重要的辅助设备,其主要作用是将船舶舷外的海水(或内河江水)泵入到柴油机海水、淡水热交换器中,通过热交换将柴油机进行冷却,保证柴油机冷却循环淡水处于一定的温度。

柴油机海水泵由泵壳、叶轮、轴承、齿轮、水泵轴和锁紧螺母等组成。

2.6.2 故障模式及机理分析

海水泵主要故障模式为断轴、漏水和漏油等。

断轴失效的主要原因是海水泵轴在服役期间承受交变载荷,在海水中的 Na^+、K^+、Cl^- 等作用下,在应力集中部位与叶轮(CuNi14Al)产生电极电位差,其应力腐蚀导致了水泵轴零件的断裂。

应力腐蚀断裂(SCC)是指受拉伸应力作用的构件在某些特定的环境中发生脆性断裂的现象。它是应力与化学介质协同作用下引起的金属断裂,不是应力与腐蚀破坏作用的简单迭加。一般认为,发生应力腐蚀断裂需具备3个基本条件,即敏感的材料、特定的环境和拉伸应力。与此相对应,已发现的应力腐蚀有如下主要特征:①发生应力腐蚀必须有拉伸应力或拉伸应力分量的作用。引起应力腐蚀断裂所需的应力很小,一般都低于材料的屈服强度。②只有某些金属 – 介质的组合才会发生应力腐蚀断裂。③应力腐蚀断裂是一种滞后破坏过程,其断裂速度约在 $10^{-8} \sim 10^{-6}$ m/s 数量级,远大于没有应力时的腐蚀速度,又远小于单纯力学因素引起的断裂速度。应力腐蚀断裂宏观上属于脆性断裂,而影响应力腐蚀的因素主要为冶金过程、力学参数、环境因素等。

拉伸应力的来源包括外加载荷、残余应力和腐蚀产物的嵌入应力。这3类应力可以代数迭加。净应力便是应力腐蚀断裂过程的推动力。在工程中往往存在工作应力,但实际上由残余应力导致的应力腐蚀断裂事故居主导地位。拉伸应力的降低可以通过以车代磨的加工方法取代磨削的加工方法,达到降低工件表面及表面过渡圆角处残余应力的目的。同时,需要选择一种钢,具有耐腐蚀、耐氧化、耐氢气泡腐蚀、耐裂隙腐蚀、耐晶间腐蚀、耐应力腐蚀的性能。

应力腐蚀寿命包括起始寿命(或孕育期、潜伏期,即从材料与环境接触后直至裂纹产生的时间)、扩展期(即裂纹延伸扩展时间)、快断期(即单纯机械性断裂的很短的最后一段时间)。它的计算可以通过使用预制裂纹试验件的应力腐蚀试验,结合断裂力学计算得以较好地解决。裂纹起始寿命一般较长,约占断裂总时间的90%。它的估算准确性对应力腐蚀总寿命的估算有着决定性的意义。

应力腐蚀也是一种损伤,它的严重程度可用损伤变量表示。在此使用标量损伤变量 D,它可表示为

$$D = F(\sigma, \sigma_{th}, t, T, \text{pH}, c \cdots) \tag{2-21}$$

式中:应力腐蚀损伤和应力水平 σ、应力腐蚀门槛值 σ_{th}(应力水平 σ 低于该门槛值时将不发生应力腐蚀破裂)、作用时间 t、温度 T、环境 pH 值以及环境介质浓度 c 等有关,其中门槛值 σ_{th} 由合金 – 环境组合类型和环境参数决定。

将上式两边对时间求导得到应力腐蚀损伤演化的表达关系,即损伤演化方程。用 $f(*)$ 表示损伤函数 $F(*)$ 对时间的一阶导数,有

$$\frac{\partial D}{\partial t} = f(\sigma, \sigma_{\text{th}}, t, T, \text{pH}, c\cdots) \qquad (2-22)$$

在 Lemaitre 与 Chaboche 蠕变及疲劳损伤演化模型基础上,给出简单拉伸应力腐蚀损伤寿命模型:

$$\frac{\partial D}{\partial t} = \begin{cases} \gamma \dfrac{[\sigma^e(\sigma, D) - \sigma_{\text{th}}]^\alpha}{(1-D)^\beta} & (\sigma^e > \sigma_{\text{th}}) \\ 0 & (\sigma^e \leq \sigma_{\text{th}}) \end{cases} \qquad (2-23)$$

式中:γ、α、β 均为非负的合金-环境响应参数;σ_{th} 为应力腐蚀门槛值。这些参数都可通过试验得到。有效应力 $\sigma^e = \sigma/(1-D)$ 根据应变等效原理计算。

在结构分解和载荷分析的基础上,确定海水泵的主要故障机理,其排序情况如表 2-20 所列。

表 2-20 海水泵主故障机理排序表

机理排序	最低约定层次单元	故障模式	故障原因	对应机理	机理模型
1	传动齿轮	齿面磨损	接触面存在磨粒、润滑不足	磨料磨损	$V = \tan\theta/\pi \cdot FL/H = KFL/H$
		齿根疲劳裂纹	脉动载荷、材料强度不足、存在应力集中	机械疲劳	疲劳裂纹扩展模型
2	叶轮	叶片损伤	在海水作用下,应力腐蚀断裂	应力腐蚀断裂	应力腐蚀模型
3	泵轴	断裂	在海水作用下,应力腐蚀断裂	应力腐蚀断裂	应力腐蚀模型
4	蜗壳(泵体)	锈蚀	表面材料在水流和空气作用下发生电化学腐蚀	腐蚀	—
5	滚动轴承	磨损	接触面存在磨粒、润滑不足	磨料磨损	$V = \tan\theta/\pi \cdot FL/H = KFL/H$
6	机械密封	漏油	迷宫密封效果不足	密封失效-损伤	—
7	骨架油封	漏油	泵轴与油封的接触处磨损	微动磨损	$V = \tan\theta/\pi \cdot FL/H = KFL/H$
8	支架	断裂	振动载荷作用下裂纹扩展断裂	机械疲劳	疲劳裂纹扩展模型
9	端盖	磨损	在叶轮高速旋转和泥沙作用下,泵壳内壁和端盖板磨损端盖板材质硬度不够	微动磨损	$V = \tan\theta/\pi \cdot FL/H = KFL/H$

第3章 舰船柴油机典型零部件加速可靠性试验方法

3.1 概 述

3.1.1 机械产品可靠性试验

可靠性试验是为了测定、评价、分析和提高产品可靠性而进行的各类试验的总称,是一种可靠性技术。

可靠性试验分为工程试验和统计试验。可靠性工程试验是通过试验暴露产品在设计、材料和工艺等方面存在的各种缺陷,并经失效分析、采取改进措施,从而提高产品可靠性。可靠性统计试验是为了获得产品在特定条件下工作时的可靠性指标(如可靠度、可靠寿命、故障率等),为设计、生产、使用提供可靠性数据支撑。可靠性增长试验和可靠性筛选试验属于可靠性工程试验;可靠性鉴定试验、可靠性验收试验及可靠性测定试验属于可靠性统计试验。可靠性鉴定试验与可靠性验收试验也统称为可靠性验证试验。

可靠性试验技术的研究、应用率先在电子设备研制过程中取得成功,然后逐步拓展到机械产品。纵观国内外,机械产品可靠性试验技术自20世纪80年代起呈现出蓬勃发展的趋势,但与电子产品可靠性试验技术发展比较,机械产品可靠性试验研究进展缓慢,这主要是由其特殊性决定的。

首先,机械零件材料型号规格多,设计基础数据缺乏;现场统计的故障数据信息不完整,分散性较大,可信度和有效性较低。对于大型机械零部件,试验困难、价格昂贵、样本数量少,难以通过对失效数据统计分析获取机械零部件的寿命分布情况。在进行可靠性的评估时,建立适应性广泛的机械可靠性理论难度较大。

其次,机械产品的故障主要是耗损型,故障模式和故障机理随工况和环境变化,而实际工况也远比试验条件复杂、严酷,且故障模式之间普遍存在相关性,这极大地增加了可靠性分析和建模难度。若忽略零件之间的失效相关性,可能会得出与事实严重不符的可靠性评估结论;若考虑相关性,如何评定相关系数和如何进行系统可靠性建模及对其验证,又是困扰可靠性分析与评价的难题。

此外,对机械零部件和整机进行可靠性试验所需的资源和经费消耗并非一般企业所能承受，对于一些大型机械设备，一般企业不具备进行整机可靠性试验的条件。机械产品的早期故障也难以经过环境应力筛选试验排除，试验数据的一致性难以保障。受到设计公差、制造工艺水平、使用环境等因素影响，可靠性评估中需要处理的不确定性因素多，且同一型号的机械产品也存在较大的个体差异性。这些因素直接影响可靠性评估的精度，增大可靠性评估的难度。现有的一些可靠性设计、试验和分析方法或标准是根据电子产品制定的，这些方法或标准对机械类产品不完全适用，或完全不适用。

随着产品可靠性的提高，仅通过模拟实际工作环境进行的可靠性试验暴露出费效比高、周期长、难以获得失效数据等问题。为应对该问题，发展出了加速试验技术：将试样投入高于正常应力的环境下进行试验，以高应力下的试验数据为依据，推断产品在正常应力下的寿命或改进、完善产品。在加速试验中，属于可靠性工程试验的有加速可靠性增长试验、高加速寿命试验和高加速应力筛选试验；属于可靠性统计试验的有加速寿命试验和加速退化试验。高加速寿命试验和高加速应力筛选试验又被归为可靠性强化试验。

加速寿命试验是目前应用最广的可靠性试验方法，被应用于电池、电容器、电连接器、二极管、芯片等电子产品，以及弹簧、轴承、齿轮泵、减速器等机械零部件的可靠性评估。对于某些高可靠长寿命产品，其失效表现为其性能参数逐步退化直到完全失效的过程。对于这些产品，当基于二元(正常和失效)的可靠性试验或加速寿命试验方法不能满足可靠性快速评估时，可以利用性能退化数据来识别产品性能退化过程，通过分析产品失效与性能退化之间的关联推断产品的可靠性。据此，加速寿命试验进一步发展成为加速退化试验，即在失效机理不变的基础上，通过建立加速模型，利用产品在高应力下的性能退化数据去外推和预测正常应力水平下寿命特征的试验方法。加速退化试验中应力施加的方式与加速寿命试验一样，但加速退化试验中不必观测至产品失效。相比加速寿命试验而言，加速退化试验一般采用定时截尾，可以节省一定量样本和试验时间，进一步提高了试验效率，能够解决产品在低应力条件下无寿命数据的问题。

由于机械类(机电类或机液类)零部件具有故障机理复杂、专业性强、使用和工况条件多变等特点，相对于电子类零部件，机械类(机电类或机液类)零部件寿命设计分析和试验评价方法基础相对薄弱，尤其是这类部件的加速试验方法。机械类产品加速试验的实现大部分都是基于MINER线性累积损伤理论，即在循环载荷作用下，疲劳损伤是可以线性累加的，各个应力之间相互独立且不相干，当累加的损伤达到一定值时，结构体就会产生疲劳破坏。估算疲劳寿命的方法有几十种之多，但是有的因考虑不够周全而偶尔造成较大误差，有的尽管精度很高，却需要以极为复杂的数据基础为依据，而这些复杂的数据基础对于国内大部分的机械零部件厂家而言却没有足够的时间完成采集和累计，使得工程中难以实现；即使是较为简便的MINER法则，也因为国内厂家对基础学科的重视程度不够，导致无法完成合理的计算和方法实现。针对这一问题,北航陈云霞教授等人在长期故障机理研究的基础上,研究了一套基于故障机理和故障规律的非电产品寿命分析与加速试验方法。

3.1.2 机械产品加速可靠性试验方案设计

目前,产品加速可靠性试验方案设计的基本流程如图3-1所示。在此过程中,确定加速试验载荷谱和加速因子是影响加速试验方案效果的关键步骤。

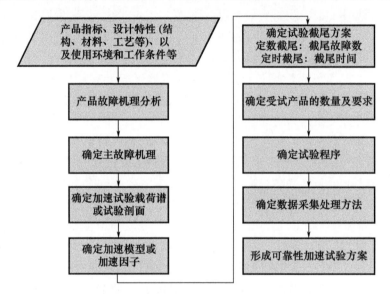

图3-1 可靠性加速试验方案设计流程

目前常用的加速试验方法可分为两大类:

一类是基于一定样本量的加速试验方案设计。所谓一定的样本量就是受试产品一般有3~5个或5~10个,主要适用于机电、电子产品或单一构件的机械产品等。该试验方案设计首先要确定产品的主机理及对应的敏感载荷,从而确定试验应力类型;进一步结合工程经验或强化试验结果,确定试验应力范围;然后综合考虑样本量确定试验类型,并根据目前常用的试验方案优化设计模型和方法,量化确定具体每个试验工况下的样本量分配和测试间隔时间。这种方法设计出来的试验,容易出现一些问题,例如数据分散性大,导致区间估计范围大,跟最终期望状态不一致。

二是基于有限样本(极小样本/单个样本)的加速试验方案设计。有限样本是指只能提供有限样本量并且最有可能只有一个样本的情况,这种情况主要适用于一些典型机械或机电、机液产品。该试验方案是通过故障机理模型库和故障行为模型为支撑基础,依据解析和仿真确定加速因子,即依据对产品的故障机理分析、机理模型和故障行为模型为输入,然后综合考虑多机理、多部位、多载荷,机理或行为模型的计算结果,并尽可能考虑各机理之间的加速效果协调一致的确定原则,综合确定加速因子,然后结合该加速因子,通过理论计算确定最优的试验剖面,最后用单个样本去做试验以验证计算确定的加速因子。

通常情况下,柴油机零部件加速可靠性和寿命试验所提供的试验样本都是有限的,有时甚至只有一个样本。在这种情况下,应该采取上面第二类方法开展加速可靠性试验方案设计。

3.2 基于故障机理的机械类零部件加速可靠性试验方法

3.2.1 加速试验方案确定流程

基于故障机理和耐久性分析结果的柴油机零部件加速可靠性试验方案确定流程如图3-2所示。该方法是基于柴油机典型零部件故障机理库,在典型零部件的平台可靠性试验和高周疲劳寿命试验的基础上,结合现有零部件试验设备加载能力,确定合理的加速试验载荷谱,通过耐久性及疲劳寿命计算,确定零部件加速因子,形成加速试验方案。

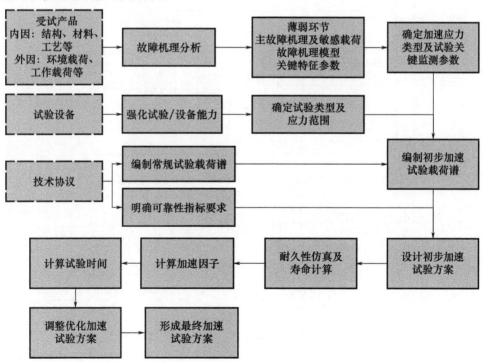

图3-2 柴油机零部件加速可靠性及寿命试验方案确定流程

3.2.2 故障机理分析

柴油机零部件在寿命周期内主要表现出耗损型失效机理。根据零部件的组成、结构、材料、原理,结合零部件载荷谱和任务剖面,对零部件进行层次分解,确定零部件每个单元对应的耗损型失效机理、敏感应力以及失效机理模型。机理分析的主要工具是故障模式、机理和影响分析(FMMEA)。机理分析流程如图3-3所示。

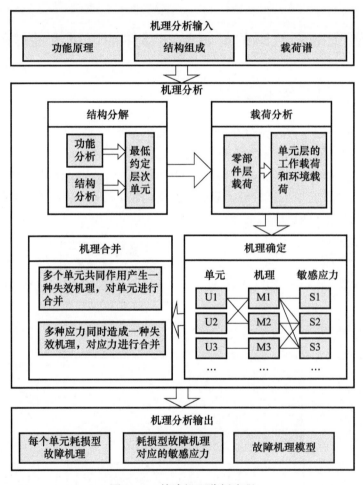

图3-3 故障机理分析流程

(1)根据功能分析和结构分析,从上到下对零部件进行结构分解,直到最低约定层次单元。

(2)根据零部件层的环境和工作载荷,确定单元层的环境和工作载荷。

(3)针对每个单元从故障的内外因着手,分析确定各单元的故障机理以及敏感应力类型,如冲击疲劳、磨损、密封圈老化等。

(4) 对所有单元的故障机理进行合并。若是多个单元共同产生一种故障机理,则对单元进行合并;若是多种应力同时造成一种故障机理,则对应力进行合并。

(5) 针对合并后的每个故障机理,基于国内外目前研究得到的故障机理模型库,进行机理模型的选择,建立零部件故障机理库。

(6) 开展机理敏感分析,确定零部件的薄弱环节及主故障机理。薄弱环节是指零部件最容易发生故障的单元或部位;主故障机理是指针对某薄弱环节而言,最容易出现的故障机理。

(7) 根据各主机理及机理模型,分析各故障机理之间的逻辑组合关系,如累积损伤、最弱环节关系,建立零部件层故障行为模型。

故障行为建模方法可进一步用下式表示:

$$\text{FBM} \rightarrow \text{R} \begin{cases} \text{机理 } 1 \rightarrow \text{TTF}_1 = H_1(I,E) \\ \text{机理 } 2 \rightarrow \text{TTF}_2 = H_2(I,E) \\ \vdots \\ \text{机理 } n \rightarrow \text{TTF}_n = H_n(I,E) \end{cases} \quad (3-1)$$

式中:$H_i(I,E)$ 为第 i 种故障机理的时间度量函数,其具体表现形式为各种故障机理模型;$R(\cdot)$ 即为故障机理关系模型,该模型从零部件故障与多种机理之间的逻辑关系出发,建立零部件故障机理模型。常见的故障机理关系模型包括竞争关系模型、损伤累积关系模型以及机理耦合关系模型。

竞争关系可以用下式表示:

$$\text{TTF}_{\text{FBM}} = \bigvee_{i=1}^{n} \text{TTF}_i = H(I,E) \quad (3-2)$$

损伤累积关系模型可用下式表示:

$$D = \sum_{i=1}^{n} \frac{t_i}{\text{TTF}_i}, \text{TTF}_{\text{FBM}} = \frac{1}{D} \quad (3-3)$$

在故障机理分析的基础上,开展零部件疲劳寿命分析。基于故障机理的零部件疲劳寿命分析流程如图 3-4 所示。

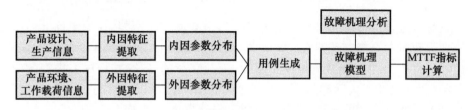

图 3-4 基于故障机理的疲劳寿命分析流程

零部件的故障是由内因和外因决定的,而产品故障的分散性是由于内因和外因的分散性造成的。内因主要包括零部件的结构、工艺、材料等方面的因素,其分散性主要取决于产品的生产过程的稳定性;外因主要包括产品的环境条件和工作使用条件,其分散性主要取决于零部件的使用环境和方式的不同,可以由零部件的环境剖面或使用剖面转化而来。基于故障机理的寿命分析是在零部件数字样机模型的基础上,考虑产品内外因参数分散性,利用故障机理模型进行产品的应力分析和寿命分析。

零部件寿命 MTBF 的计算公式如下所示:

$$\mathrm{MTBF} = \iint M_t(I,E)p(I)p(E)\mathrm{d}I\mathrm{d}E \tag{3-4}$$

式中:$M_t(I,E)$ 为以故障时间表征的故障机理模型;$p(I)$ 表征内因特征参数的分散性,用分布律或密度函数的形式表示;$p(E)$ 表征外因特征参数的分散性,用分布律或密度函数的形式表示。

当故障机理模型较为复杂时,可以通过仿真的方法计算上式的 MTBF 值。首先通过内外因特征提取,确定内外因参数分布 $p(I),p(E)$;然后按照仿真生成 n 组测试条件,分别代入上式计算故障时间;对 n 个故障时间求算术平均值,即得到 MTBF 理论值。

通过上述方法可以计算出所有薄弱环节的理论寿命。针对每个故障机理的所有寿命值进行分布曲线拟合,还可以得到每个故障机理对应的寿命分布,从而确定每个故障机理在给定置信度下的寿命区间。

3.2.3 加速试验载荷谱的确定

柴油机典型零部件加速试验载荷谱的确定流程如图 3-5 所示。

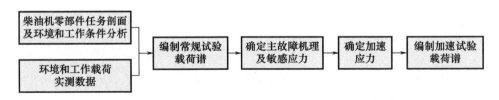

图 3-5 柴油机典型零部件加速试验载荷谱的确定流程

载荷谱是整机结构或零部件所承受的典型载荷时间历程,经梳理统计后所得到的表示载荷大小与出现频次之间的图形、表格、矩阵和其他概率特征值的统称。机械零部件多是在交变载荷作用下服役,因此载荷的变化、结构材料内部的应力应变也在发生变化,从而导致裂纹的产生、扩张直至断裂,这个过程就是疲劳失效。对于柴油机大多数机械类零部件来说,其失效都属于疲劳失效。载荷谱的研究对疲劳失效有很大作用,是产品可靠性设计、定寿延寿、有限元分析的先决条件,也是疲劳试验、强化试验、加速寿命和可靠性试验的基础。

对于使用寿命较长的零部件,在进行疲劳寿命试验或耐久性试验时,需要采用加速试验的方法。对于一般机械产品,加速试验载荷谱的编制方法如下:通过产品使用现场实测的途径或依据行业标准,获取载荷样本数据;实测的载荷数据往往是一种随机过程,需要对其进行平稳性检验分析;去除不能构成疲劳损伤的载荷值小的循环,从而达到缩短试验时间的目的;将载荷-时间历程转化为系列载荷循环,并以载荷-时间历程的损伤量为依据,对统计计数结果进行加速编辑;通过雨流计法对随机载荷进行计数得到载荷的均值和载荷幅值,然后通过统计处理得到均值和幅值(二元随机变量)的联合分布矩阵,采用二维函数进行分布的估计,并分析两者之间的相关行,确定最优分布模型。

在已有常规试验载荷谱的基础上,目前加速试验载荷谱的确定方法主要有删小量法、提高试验加载频次和线性强化载荷谱等方法。删小量法是删除那些相对影响较小的载荷谱,该方法已在现行行业标准中得到体现。提高试验加载频次可以缩短试验时间,从而达到加速失效的目的。但是过高的试验频次会影响润滑效果带来新的故障模式,也会导致试验台架的一种不安全性,使得试验加载频次难以过多提高;线性强化载荷谱是根据加速程度,在不改变载荷谱加载频次和形状的情况下,对现有常规试验载荷值进行线性加速。加速后的载荷不能超过产品的工作应力极限值。

3.2.4 耐久性仿真分析

耐久性仿真试验主要通过软件在建立零部件电子样件上施加零部件所经历的载荷历程(包括工作载荷和环境载荷),分解到零部件的基本模块上,进行应力分析和累积损伤分析,从而找出零部件的设计薄弱环节,提出设计改进措施。在确定了加速试验载荷谱的情况下,通过耐久性仿真分析,可以预计零部件的耗损失效时间,评价零部件的寿命水平。基于耐久性仿真的疲劳寿命的基本流程图3-6所示。

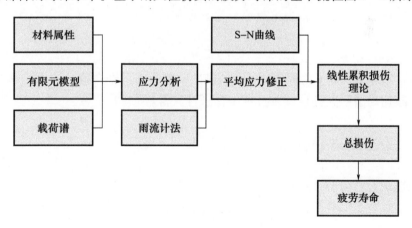

图3-6 疲劳寿命分析流程

3.2.5 加速因子的确定

在加速可靠性及寿命鉴定试验方案确定流程中,最关键的一步是如何计算确定加速因子,一般可通过经验或理论计算的方法进行确定。

柴油机零部件加速因子确定流程如图3-7所示。在确定了加速试验载荷谱的基础上,基于不同机理及其耐久性分析结果,分别确定各主故障机理在该加速载荷谱下的加速因子,然后综合考虑多种机理与应力类型之间的相互耦合关系来确定加速因子。这里的机理耦合关系包括:竞争、累积、触发、促进/抑制等。为了减少加速寿命鉴定试验风险,保守起见采用最小原则,即取最小加速因子为整个零部件的加速因子。

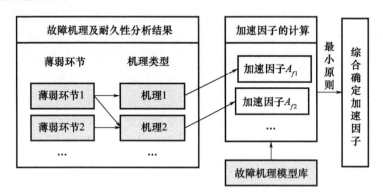

图3-7 零部件加速因子确定流程

在上述寿命计算分析及加速因子确定过程中,均需要寿命计算模型库作为支撑。针对典型零部件薄弱环节的主故障机理,按照疲劳、磨损、老化、腐蚀不同耗损特征建立对应的寿命计算模型。

加速试验载荷谱与常规试验载荷谱下零部件的加速因子计算公式为

$$A_f = \frac{N_0}{N_a} \quad (3-5)$$

式中:N_0为常规载荷下寿命值;N_a为加速试验载荷谱下寿命值。这两个值分别通过两种载荷谱下耐久性仿真及疲劳寿命预计获得。

3.2.6 加速试验时间或循环的确定

加速试验时间的计算:

$$t_{\text{test}} = \frac{K_{\text{分散系数}} \times t_{\text{寿命要求值}}}{A_f} \quad (3-6)$$

式中:t_{test}为加速可靠性试验或寿命鉴定试验中所需要的试验时间;$t_{\text{寿命要求值}}$为待考核的寿命要求值;A_f为加速因子;$K_{\text{分散系数}}$为产品的分散系数,推荐取值$K_{\text{分散系数}} = 1.2 \sim 1.5$。

在试验过程中,若出现耗损性故障,需要进行产品设计改进;若在试验时间内未出现耗损性故障,则说明产品寿命能达到寿命要求值。

3.3 电控喷油器加速可靠性试验方法

3.3.1 受试产品情况

电控喷油器实际运行任务剖面分推进、发电两种用途,推进的寿命指标为6000h,发电的寿命指标为6000h。

3.3.2 环境与工作载荷

根据柴油机发电及推进两类用途下的综合任务剖面,给出常规寿命试验载荷谱。

1. 温度载荷

(1) 工作介质:燃油驱动,滑油散热。

(2) 环境温度:

① 喷油器体工作环境温度:80~90℃。

② 油嘴座面附近温度:150℃。

③ 油嘴外表面持续期(燃烧)最高瞬时温度:110%负荷率情况下830℃,100%负荷率情况下730℃,燃烧室持续期平均温度(100%负荷率)640℃(单个全程720℃,其中40℃为燃烧期),非燃烧期最低60℃。

④ 滑油温度:70~80℃。

2. 工作载荷

对于电控喷油器的推进及发电两个用途,分别对应不同的工作载荷,具体信息如表3-1所列。

表3-1 工作载荷

序号	状态	负荷率(%)	轨压/MPa	介质温度/℃	频率/(次/min)	时间/h
1	推进	100	160	入口温度(45±2)℃	533	600
2	推进	70	140	入口温度(45±2)℃	473.3	4200
3	推进	10	70	入口温度(45±2)℃	247.4	1200
4	发电	100	160	入口温度(45±2)℃	500	600
5	发电	60	130	入口温度(45±2)℃	500	3900
6	发电	40	100	入口温度(45±2)℃	500	1500

3. 振动载荷

喷油器所受振动载荷谱如图3-8所示。

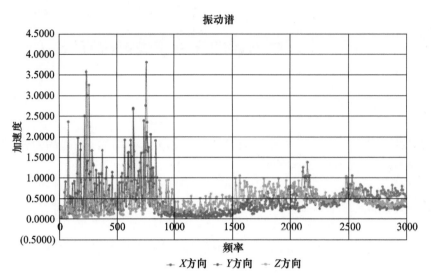

图 3-8 振动载荷谱(彩图)

3.3.3 加速试验方案

柴油机喷油器加速试验方案依据强化耐久性试验的载荷谱给出。下面给出强化耐久性试验载荷谱。

1. 加速试验载荷谱

电控喷油器强化耐久试验的工作载荷,如表 3-2 所列。

表 3-2 强化耐久试验工作载荷(480min * 350 次循环)

序号	负荷率(%)	轨压/MPa	介质温度/℃	频率/(次/min)	时间/min
1	100	160		533	160
2	85	150		504.9	60
3	0	60		213	10
4	100	160		533	120
5	0	60	入口温度 (45±2)℃	213	10
6	50	120		423	30
7	0	60		213	10
8	85	150		504.9	10
9	110	160		550	60
10	停机	—			10

2. 机理加速性分析

在上述加速载荷谱的基础上,开展加速试验方案的初步设计。当强化耐久性试验时间为2800h,采用累积损伤原理考虑耗损型失效机理的寿命,不考虑各工况的顺序,将现有的强化耐久性试验的载荷谱(表3-2)进行合并,得到表3-3所列的电控喷油器加速寿命试验的工作载荷。

表3-3 合并后的喷油器加速载荷谱

序号	负荷率(%)	轨压/MPa	介质温度/℃	频率/(次/min)	时间/h	循环次数
1	110	160	入口温度 (45±2)℃	550	350	1.16×10^7
2	100	160		533	1633.3	5.22×10^7
3	85	150		504.9	408.3	1.24×10^7
4	50	120		423	175	4.44×10^6
5	0	60		213	175	2.24×10^6

根据柴油机电控喷油器机理分析结果,柴油机电控喷油器耗损型失效机理包括冲击疲劳、热疲劳、振动疲劳、磨损、老化、应力松弛等,敏感载荷包括燃油压力、燃油温度、行程、负载力及气体压力。结合柴油机电控喷油器耐久性仿真结果,采用名义应力法计算出所有耗损型失效机理的理论寿命。

两种用途下的柴油机喷油器具有加速性的耗损型失效机理及理论寿命如表3-4和表3-5所列。

表3-4 推进用途下具有加速性的耗损型失效机理汇总表

序号	最低约定层次单元	对应机理	理论寿命	备注
1	焊接针阀体 (002)	冲击疲劳 (001002BDE)	1.38×10^6 次	需要超高周试验获取相关数据
2	量孔板 (011)	冲击疲劳 (011013BC)	1.21×10^7 次	需要超高周试验获取相关数据
3	钢球 (013)	冲击疲劳 (011013BCD)	6.91×10^7 次	
4	针阀 (001)	冲击疲劳 (001002BCD)	3.08×10^8 次	
5	电磁铁 (020)	冲击疲劳 (015020BCD)	5.43×10^8 次	
6	针阀弹簧 (008)	疲劳 (008A)	8.84×10^8 次	
7	电磁阀弹簧 (018)	疲劳 (018A)	1.25×10^9 次	
8	量孔板 (011)	冲击疲劳 (004011BC)	1.45×10^9 次	
9	焊接针阀体 (002)	热疲劳 (002DE)	2.42×10^9 次	

续表

序号	最低约定层次单元	对应机理	理论寿命	备注
10	控制柱塞(004)	冲击疲劳(004011BC)	2.75×10^9 次	
11	针阀(001)	磨损(001002A)	0.441mm	
	焊接针阀体(002)			
12	控制柱塞(004)	磨损(004005A)	0.044mm	
	控制套筒(005)			
13	衔铁(015)	磨损(015016A)	0.0110mm	
	导向体(016)			
14	O形圈(033)	老化(033DE)	189591h	

表3–5 发电用途下具有加速性的耗损型失效机理汇总表

序号	最低约定层次单元	对应机理	理论寿命	备注
1	焊接针阀体(002)	冲击疲劳(001002BDE)	1.38×10^6 次	需要超高周试验获取相关数据
2	量孔板(011)	冲击疲劳(011013BC)	1.21×10^7 次	需要超高周试验获取相关数据
3	钢球(013)	冲击疲劳(011013BCD)	9.51×10^7 次	
4	针阀(001)	冲击疲劳(001002BCD)	3.24×10^8 次	
5	电磁铁(020)	冲击疲劳(015020BCD)	7.82×10^8 次	
6	针阀弹簧(008)	疲劳(008A)	8.84×10^8 次	
7	电磁阀弹簧(018)	疲劳(018A)	1.25×10^9 次	
8	量孔板(011)	冲击疲劳(004011BC)	1.85×10^9 次	

续表

序号	最低约定层次单元	对应机理	理论寿命	备注
9	控制柱塞（004）	冲击疲劳（004011BC）	3.45×10^9 次	
10	焊接针阀体（002）	热疲劳（002DE）	3.56×10^9 次	
11	针阀（001） 焊接针阀体（002）	磨损（001002A）	0.509mm	
12	控制柱塞（004） 控制套筒（005）	磨损（004005A）	0.051mm	
13	衔铁（015） 导向体（016）	磨损（015016A）	0.012mm	
14	O形圈（033）	老化（033DE）	189591h	

由表3-5可以看出,两类用途下的具有加速性的耗损型失效机理完全一致。由于弹簧的疲劳寿命只取决于其压缩变形量及其自身的材料参数,压缩变形量无法改变,所以不具有加速性。热应力受外界温度影响较小,从而导致热疲劳寿命无明显差异,也不考虑其加速性。在筛选出的全部磨损单元所受到的外载均为微突力,其载荷大小只与单元的几何尺寸及材料参数有关,也不具备加速性。O形圈老化机理只与温度有关,其加速性可以与运动件分开考虑。

3. 加速因子

当试验时间增加值6000h时,工作载荷如表3-6所列。

表3-6 调整后的强化耐久性试验载荷谱

序号	负荷率(%)	轨压/MPa	介质温度/℃	频率/(次/min)	时间/h	循环次数
1	110	160	入口温度（45±2）℃	550	750	2.48×10^7
2	100	160		533	3500	1.12×10^8
3	85	150		504.9	875	2.65×10^7
4	50	120		423	375	9.52×10^6
5	0	60		213	375	4.79×10^6
6	停机	—		—	125	—

计算在调整后加速试验载荷谱下,具有加速性的各个单元加速因子。

1)推进状态

推进状态下各个单元在参数 b 不同比例下的加速因子如表 3-7 所列。

表 3-7 推进状态下各个单元在参数 b 不同比例下的加速因子

比例	针阀	焊接针阀体	控制柱塞	量孔板	钢球	量孔板	衔铁	导向体
0.8	1.4038	1.5875	2.3746	1.5177	1.2097	1.1314	3.0550	2.1488
0.9	1.4349	1.6552	2.5769	1.5685	1.2128	1.1307	3.3900	2.3241
1	1.4658	1.7254	2.7873	1.6202	1.2149	1.1299	3.7303	2.5086
1.1	1.4966	1.7982	3.0043	1.6727	1.2162	1.1291	4.0689	2.7015
1.2	1.5273	1.8735	3.2264	1.7261	1.2166	1.1282	4.3993	2.9015

强化耐久谱对于推进用途下载荷谱的加速因子如图 3-9 所示。

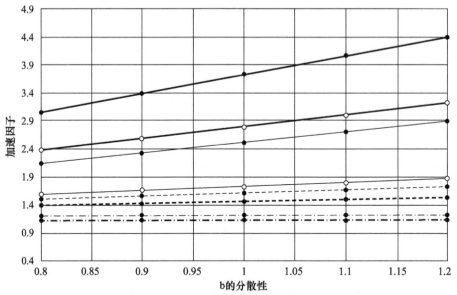

图 3-9 推进状态下各个单元在参数 b 不同比例下的加速因子(彩图)

2)发电状态

发电状态下各个单元在参数 b 不同比例下的加速因子如表 3-8 所列。

表3-8 发电状态下各个单元在参数b不同比例下的加速因子

比例	针阀	焊接针阀体	控制柱塞	量孔板	钢球	量孔板	衔铁	导向体
0.8	1.2597	1.3752	2.4882	1.5947	1.3480	0.9861	4.0251	2.5468
0.9	1.2981	1.4346	2.7549	1.6885	1.3991	0.9859	4.5370	2.8342
1	1.3372	1.4965	3.0347	1.7862	1.4518	0.9857	5.0252	3.1370
1.1	1.3769	1.5610	3.3247	1.8876	1.5060	0.9855	5.4740	3.4515
1.2	1.4173	1.6281	3.6215	1.9927	1.5620	0.9853	5.8725	3.7730

强化耐久谱对于发电用途下载荷谱的加速因子如图3-10所示。

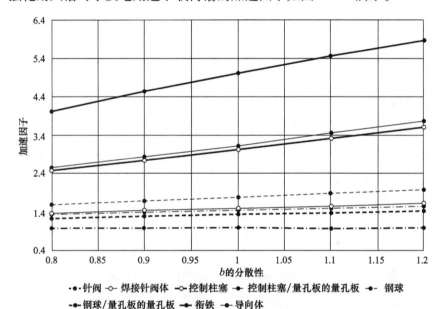

图3-10 发电状态下各个单元在参数b不同比例下的加速因子(彩图)

4. 加速试验时间

加速试验时间可由下列公式确定:

$$T = \frac{T_0 K}{A_f} \tag{3-7}$$

式中:T为加速试验所需的时间;T_0为喷油器寿命指标6000h;K为样本的分散系数,结合开展加速试验的样本数,依据相关行业标准确定,一般$K=1.2\sim1.5$;A_f为确定的加速因子。

基于加速载荷谱,计算获取的加速因子A_f。

5. 调整后的加速试验方案

依据寿命指标定量计算结果及实际易发生故障单元的定性分析,确定焊接针阀体为喷油器体的薄弱单元。推进用途下焊接针阀体的加速因子区间为[1.5875,

1.8735]，其对应的试验时间为[3203h,3780h]，即强化耐久谱的循环次数在400次至472次之间，其具体取值依据b的实际值确定，并在此基础上乘以样本的分散系数。

同理，发电用途下焊接针阀体的加速因子区间为[1.3752,1.628]，其对应的试验时间为[3685h,4363h]，即强化耐久谱的循环次数在460次至545次之间，同样还应考虑样本的分散系数。

取焊接针阀体疲劳强度指数$b=4.8934$，得到推进和发电用途下加速因子分别为1.7254和1.4965。令加速因子$A_f=1.4965$，取焊接针阀体产品分散系数$K=1.2$，计算求得加速试验时间4811h。按照8h一个循环，确定加速试验时间$T=4800h$，循环次数为600次。

按照图3-11及表3-9所示的试验图谱及工况参数开展试验。

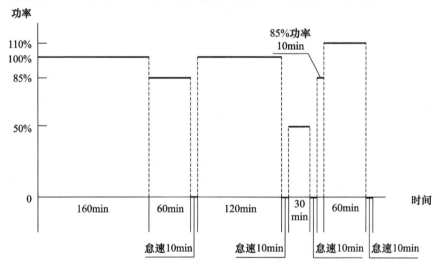

图3-11 8小时循环图谱

表3-9 循环试验运行剖面

序号	工况	运行时间/min	累计时间/min	油泵转速/(r/min)	喷射频率/(次/min)	轨压/MPa	设定油量/(mm³/次)
1	100%	160	160	2549±3	533	160±5	3377
2	85%	60	220	2415±3	505	160±5	3030
3	急速	10	230	1019±3	213	70±5	260
4	100%	120	350	2549±3	533	160±5	3377
5	急速	10	360	1019±3	213	70±5	260
6	50%	30	390	2023±3	423	125±5	2128
7	急速	10	400	1019±3	213	70±5	260
8	85%	10	410	2415±3	505	160±5	3030
9	110%	60	470	2631±3	550	160±5	3672
10	急速	10	480	1019±3	213	70±5	260

3.4 增压器加速可靠性试验方法

3.4.1 受试产品情况

柴油机涡轮增压器按照质量控制程序批准的图纸资料和技术规范制造,并经检验合格。寿命指标要求为1200h。

3.4.2 环境和工作载荷

1. 环境载荷
1)工作介质:燃油、滑油
2)环境温度:
(1)环境温度:5~55℃(机舱内或隔声罩内);
(2)进气温度:5~55℃(舱内进气)或-28~45℃(舱外进气);
(3)进气相对湿度:0~100%;
(4)海水温度:-2~35℃;
(5)增压器允许最高涡轮进口温度:720℃;
(6)滑油进口温度:40~70℃。
3)其他
(1)进气压力:0.1MPa;
(2)振动速度值:≤4mm/s。
2. 工作载荷
增压器常规耐久性试验工况载荷如表3-10所列。

表3-10 增压器常规耐久性试验工况载荷(3h一个循环)

序号	负荷	转速/(r/min)	温度/℃	运行时间/h
1	外循环	3000±500	—	0.5
2	100%	28500±300	≥630℃	1.5
3	110%	30000±300	≥650℃	1
4	停机	—	—	0.25

试验载荷谱如图3-12所示。

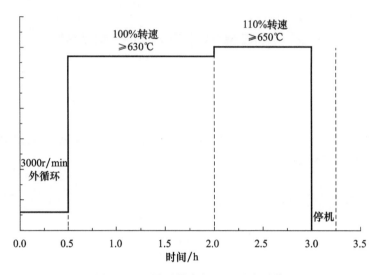

图3-12 增压器常规工况试验图谱

3.4.3 加速试验方案

1. 加速试验载荷谱

根据涡轮增压器失效机理分析结果,影响涡轮增压器寿命的工作载荷主要是转速和温度。涡轮叶片是增压器的核心部件,蠕变断裂是其主要故障机理。对于涡轮叶片,所受载荷主要是离心力、温度应力,同时还承受气动力。而离心力的大小由增压器转速决定,所以以增压器转速为主,根据实际情况,结合温度应力、气动力进行计算状态的确定。

目前,关于涡轮增压器已出台许多标准。如JB/T 9752.2—1999《涡轮增压器试验方法》中规定了增压器整机可靠性台架试验方法,试验包括标定参数运转试验(时间不小于80h)和最高参数循环变化运转试验,试验参数主要包括转速、压气机进口参数或涡轮出口参数、压气机出口参数或涡轮进口参数(压力、温度等)等。QC/T 591—1999《汽车柴油机涡轮增压器试验方法》规定了增压器型式试验项目,包括200h热循环(高工况、低工况循环运转,试验时间200h)和最高转速、最高温度试验(在最高转速和最高温度下运转1h)。

另外,国内外很多研究机构开展了涡轮增压器可靠性试验方法研究,如北京理工大学涡轮增压实验室长期从事涡轮增压器实验技术研究,开展大量涡轮增压器(超温、超速等)可靠性试验和耐久性试验。

在现有涡轮增压器耐久性试验载荷谱的基础上,给出如表3-11和图3-13所示的转速和温度加速试验载荷谱。

为了考核增压器热疲劳,每个循环后停机时间至少为15min,在试验期间应有不少于4次停机,停机总时间不少于2h。

表3-11 增压器转速温度加速工况载荷谱(3h一个循环)

序号	负荷	转速/(r/min)	介质温度/℃	运行时间/h
1	外循环	3000±500		0.5
2	100%	28500±300	≥670℃	1
3	110%	30000±300	≥670℃	1
4	最高转速	31400±300	≥710℃	0.5
5	停机	—	—	0.25

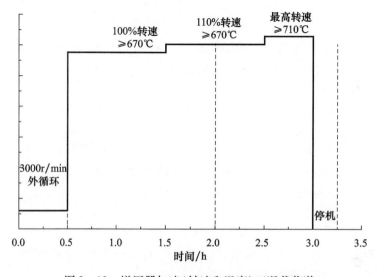

图3-13 增压器加速(转速和温度)工况载荷谱

2. 加速因子

为了准确描述蠕变规律,研究人员提出了各种蠕变寿命模型。目前比较公认的是,蠕变应变是由应力 σ、时间 t 和温度 T 的函数,蠕变方程的一般形式为

$$\varepsilon_c = f(\sigma, t, T) \tag{3-8}$$

常用的蠕变机理模型有两类:

1)持久强度模型

该模型是在相同试验温度下,用较高的应力获得短期寿命数据,建立应力与断裂时间的函数关系,以此推出给定温度下的蠕变寿命。温度一定时,持久强度曲线的应力和断裂关系如下:

$$t_r = A\sigma^{-B} \tag{3-9}$$

式中:t_r 为断裂时间;σ 为应力;A、B 为与材料、应力比、加载方式等有关的参数。

对上式两边取对数,可得到

$$\lg t_r = \lg A - B\lg\sigma$$

相关研究表明,参数 A、B 对于同一材料在同一温度下由于蠕变断裂机理的改变和应力的变化而有所变化。短时高应力双对数线性关系符合良好,但低应力场时数据则预测误差很大。

2)时间温度参数模型

时间温度参数模型的基本思想是时间和温度对于材料的蠕变行为贡献是互补的,即对于蠕变中的时间、温度和应力 3 个参数,时间和温度被合成一个综合参数,并且这个参数表示为应力的函数。目前已提出很多模型,如 Larson – Miller 模型(简称 L – M 模型)、Manson – Succop 模型、Ge – Dorn 模型等。最常用的 L – M 模型如下:

$$P(\sigma) = T(\lg t_r + C) \tag{3 - 10}$$

式中:T、t_r 分别为绝对温度(K)和持久断裂时间(h);C 为与材料持久性能有关的常数,一般为 20 左右;$P(\sigma)$ 是应力的函数。

由上式变换得

$$\lg t_r = \frac{P(\sigma)}{T} - C \tag{3 - 11}$$

当应力一定时,即 $P(\sigma)$ 为确定值时,$\lg t_r$ 与 $1/T$ 呈线性关系,且与 y 轴交于点 $(0, -C)$。因此,通过求解这条直线的截距便能得到常数 C。

在得到 L – M 模型的常数 C 后,就可以对数据进行回归分析,建立蠕变寿命模型:

$$\lg\sigma = a_0 + a_1 p + a_2 p^2 + a_3 p^3$$

式中:$p = T(\lg t_r + C)$,变量 p 综合了温度和时间两个参数,采用多项式拟合把时间、温度和应力放在一条曲线上。

目前我国的国军标 GJB/Z 18 – 91《金属材料力学性能数据表达准则》和发动机设计规范都推荐采用拉森 – 米勒(L – M)方程进行涡轮叶片寿命计算。利用 L – M 模型估算涡轮叶片寿命的方法如下:

$$\lg t_r = b_0 + \frac{b_1}{T} + \frac{b_2 X}{T} + \frac{b_3 X^2}{T} + \frac{b_4 X^3}{T} \tag{3 - 12}$$

$$T = (9 0\theta/5 + 32) + 460$$

$$X = \lg\sigma$$

$$b_0 = -0.22262 \times 10^2$$

$$b_1 = 0.9220277 \times 10^5$$

$$b_2 = -3.0196491 \times 10^5$$

$$b_3 = 0.1246715 \times 10^5$$

$$b_4 = -0.2746596 \times 10^4$$

式中:t_r 为 L – M 蠕变断裂寿命(h);θ 为涡轮表面温度(℃);σ 为涡轮应力大

小(MPa)。例如:设涡轮工作温度700℃下,转速29145r/min下应力为534MPa,求得寿命 t_r =316227h,即涡轮连续工作316227h蠕变失效。

基于L-M模型可以估算出恒定工况下涡轮叶片蠕变疲劳寿命。

根据耐久性仿真结果,涡轮增压器涡轮叶片最大应力出现位置位于叶片根部,各工况应力最大值情况如表3-12所列。

表3-12 涡轮叶片在不同工况下应力情况

序号	工况	应力最大值/MPa
1	外循环	45
2	100%	496
3	110%	543
4	最高转速	648

假设加速试验时间600h,每3h一个循环,共200个循环。下面,采用名义应力法计算加速载荷下涡轮叶片的理论寿命,计算结果如表3-13所列。

表3-13 加速载荷谱下理论寿命

序号	工况	应力幅 σ_a/MPa	平均应力 σ_m/MPa	应力循环次数 n_i	相应对称循环应力值 σ_a^*/MPa	相应循环寿命 N_i	相应损伤量 D_i	总损伤	寿命/h
1	外循环	22.5	22.5	200	23.06094	2.46347×10^{14}	8.12×10^{-13}		
2	100%	248	248	200	338.8479	716506.9042	2.79×10^{-4}	5.69×10^{-3}	1.05×10^5
3	110%	271.5	271.5	200	384.2961	285384.4342	7.01×10^{-4}		
4	最高转速	324	324	200	498.6689	42450.48878	4.71×10^{-3}		

对称应力循环谱计算公式为如下所示:

$$\sigma_a^* = \frac{\sigma_a}{1 - \frac{\sigma_m}{\sigma_b}} \quad (3-13)$$

式中: σ_a 为应力幅; σ_m 为平均应力; σ_b 为材料的极限强度; σ_a^* 为计算的对称循环应力。涡轮叶片的材料是镍基合金K418,该材料在常温至700℃的力学性能变化不大,室温下的抗拉强度 σ_b =925MPa。

根据材料手册中应力疲劳数据,采用线性插值法获得对称应力循环下的循环寿命 N_i。

利用下式计算出各损伤量 $D_i = n_i/N_i$,根据线性累加原理计算累积损伤,有

$$D = \sum_{i=1}^{m} \frac{n_i}{N_i} \quad (3-14)$$

计算出损伤量后,可按下式计算寿命:

$$N = \frac{T}{D} \tag{3-15}$$

式中:T 为一个循环时间;N 为涡轮叶片寿命值。

考虑载荷和材料疲劳性能的分散性,分散系数根据具体情况来确定,一般取 4~6,为安全起见,一般取 6,那么总寿命 $N = T/6D$。

由此可以计算出加速试验载荷下涡轮叶片的寿命 $N_a = 1.05 \times 10^5$ h。同理可以计算出常规工况下涡轮叶片的寿命 $N_0 = 6.12 \times 10^5$ h。

在此基础上,计算加速试验与常规试验的加速因子:

$$A_f = \frac{N_0}{N_a} = 5.81 \tag{3-16}$$

式中:N_0 为常规工况载荷下寿命值;N_a 为加速试验载荷谱下寿命值。

3. 加速试验时间

增压器加速可靠性试验时间可由下列公式确定:

$$N_a = \frac{N_0 K}{A_f} \tag{3-17}$$

式中:N_a 为加速试验所需总时间;N_0 为常规试验所需总时间,这里 $N_0 = 1200$h;K 为样本的分散系数,结合开展加速试验的样本数,依据相关行业标准确定,一般 $K = 1.2 \sim 1.5$,这里保守原则取 1.5。由此可得,增压器加速试验总时间 $N_a = 310$h。

3.5 气缸盖加速可靠性试验方法

3.5.1 受试产品情况

受试品由汽缸垫、气缸盖螺柱、螺母、非标机体、非标喷油器、闷塞构成,其中气缸盖为主要被试件。

寿命指标要求:23MPa 载荷下疲劳寿命 1×10^7 次(高周)。

3.5.2 环境和工作载荷

1. 环境载荷

1)工作介质:燃气、滑油、冷却液

2)环境温度:

(1)环境温度:5~55℃(机舱内或隔声罩内);

(2)进气温度:5~55℃(舱内进气)或 -28~45℃(舱外进气);

(3) 排气温度:60~520℃;

(4) 进气相对湿度:0~100%;

(5) 冷却液温度:-2~35℃;

(6) 滑油进口温度:40~70℃。

3) 其他

(1) 进气压力:0.1MPa;

(2) 振动速度值:≤4mm/s。

2. 工作载荷

根据 GJB 1069.2《水面舰艇用高速柴油机台架试验方法》耐久性试验,结合柴油机耐久性试验载荷谱(标准谱),气缸盖常规疲劳试验工作载荷,如表3-14所列,柴油机最大爆发压力约200MPa。

表3-14 气缸盖工作载荷(8h一个循环)

序号	负荷率/%	最大爆发压力/MPa	气缸排气温度/℃	时间/min
1	110	214	514	60
2	100	210	468	280
3	85	204	440	70
4	50	198	435	30
5	怠速	70	65	30

3.5.3 加速试验方案

1. 加速试验载荷谱

气缸盖在工作过程中承受高爆发压力、高螺栓预紧力、高温燃烧以及冷却循环冲击,燃气压力和热负荷是影响气缸盖寿命的主要载荷。虽然针对标准件的热机耦合疲劳试验,国内外都出台了相关标准,如 GJB 6213—2018《金属材料热机械疲劳试验方法》。但目前气缸盖在高温高爆压下的热机耦合疲劳试验尚无统一标准可用。研究的难点主要来自两方面,一方面是复杂结构的变温力学性能难以确定,能够用各种材料参数描述气缸盖热机载荷特性情况的材料模型并不存在;另一方面,即使建立了准确的材料模型,结构的宏观应力、应变现象与微观组织变形相结合,使得结构与寿命之间的关系难以确定。

目前,针对机械循环应力,现有气缸盖疲劳试验方法:采用液压脉冲疲劳试验,加载正弦波形的液压油模拟燃气压力,加载频率高于柴油机实际运转时对气缸盖的加载频率(8.9Hz)。根据 GJB 1069.1《水面舰艇用高速柴油机 技术要求》气缸盖等承受高压高温的零部件,强度试验压力应为最高爆发压力的1.5倍。这类试验属于气缸盖高周疲劳试验。

针对气缸盖热循环应力,现有的热疲劳试验方法认为将柴油机起动－运行－停车三种状态的循环往复反映到气缸盖上就是加热－保温－冷却的循环过程,通过高频感应加热、电加热、火焰加热和红外加热等方式模拟气缸盖燃烧室区的温度场。北京理工大学通过引进的热疲劳加速疲劳试验台进行了大量气缸盖热疲劳试验。这类试验属于气缸盖低周疲劳试验。

除了分别针对机械负荷和热负荷的气缸盖疲劳试验以外,为了真实模拟气缸盖所受到的热载荷和机械载荷,挪威工程学院内燃机造船工程系开发了一套热循环和机械循环叠加的柴油机零部件疲劳试验台,美国通用发动机公司开发了一套稳热态和高频机械负荷叠加的柴油机零部件疲劳试验台。

综合现有气缸盖疲劳试验方法,并结合柴油机耐久性试验工作载荷谱,选取最高爆发压力为加速应力(1.5 倍最高爆发压力,正弦波形),采用高温应力与机械应力叠加的方式,设计气缸盖强化高周疲劳试验,叠加后的载荷谱如图 3 - 14 所示。安装预紧力 80 ± 5kN。

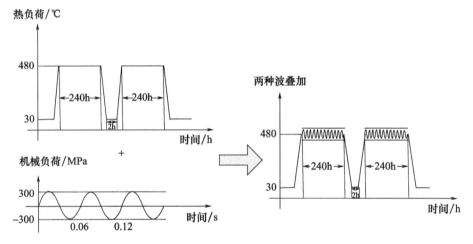

图 3 - 14　气缸盖热机叠加载荷谱

2. 加速因子

气缸盖疲劳寿命可由下式(Basquin 公式)给出:

$$\sigma_a^m N = c \tag{3-18}$$

式中:N 和 σ_a 分别表示疲劳循环数和应力幅;m 和 c 是与材料、应力比、加载方式等有关的参数。

气缸盖的材料是 QT400 - 15,抗拉强度是 400MPa,由此得到 m 和 c 的估计值:$m = 7.314, c = 4.97389 \times 10^{21}$。

根据气缸盖耐久性分析结果,得到加速载荷谱下气缸盖的应力最大值 σ_{max} 和最小值 σ_{min},计算出应力幅 σ_a 和平均应力 σ_m:

$$\sigma_a = \frac{\sigma_{\max} - \sigma_{\min}}{2}$$

$$\sigma_m = \frac{\sigma_{\max} + \sigma_{\min}}{2}$$

然后,利用名义应力法(Goodman 修正公式)计算出当量应力 σ_e,即

$$\sigma_e = \frac{\sigma_a}{1 - \dfrac{\sigma_m}{\sigma_b}} \qquad (3-19)$$

式中:σ_b 为气缸盖材料 QT400-15 的抗拉强度,即 $\sigma_b = 400\mathrm{MPa}$。

由式(3-18),计算加速试验与常规试验的加速因子:

$$A_f = \frac{N_0}{N_a} = \left(\frac{\sigma_e}{\sigma_{\mathrm{normal}}}\right)^m \qquad (3-20)$$

式中:N_0 为常规试验循环寿命;N_a 为加速试验循环寿命;σ_{normal} 为常规试验应力值。根据气缸盖高周寿命指标要求,即 23MPa 载荷下疲劳寿命为 1×10^7 次,可以得到 $\sigma_{\mathrm{normal}} = 23\mathrm{MPa}$。

将当量应力 σ_e 代入公式(3-20),即可得到加速试验的加速因子 $A_f = 14.02$。

3. 加速试验循环次数

气缸盖加速疲劳试验循环次数可由下列公式确定:

$$N_a = \frac{N_0 K}{A_f} \qquad (3-21)$$

式中:N_a 为加速试验所需循环次数;N_0 为常规试验所需循环次数,这里 $N_0 = 10^7$;K 为样本的分散系数,结合开展加速试验的样本数,依据相关行业标准确定,一般 $K = 1.2 \sim 1.5$,这里保守原则取 1.5。由此可得气缸盖加速试验总循环次数为 $N_a = 1.0699 \times 10^6$。

第4章 舰船柴油机零部件及整机可靠性评估方法

4.1 概　述

可靠性评估是通过收集产品在研制、试验、生产和使用中所产生的可靠性数据,并依据产品的功能或可靠性结构,利用概率统计方法,给出产品各种可靠性数量指标的定量估计。可靠性评估贯穿于产品研制、试验、生产、使用和维修的全过程。在研制阶段,可靠性评估用于对所进行的各项可靠性试验的试验结果进行评估,以验证试验的有效性,如进行可靠性增长试验时,可根据试验结果对增长过程进行评估,从而使得产品可靠性得到逐步增长。研制阶段结束进入生产前,应根据可靠性鉴定试验的结果,评价其可靠性水平是否达到设计的要求,为设计定型和生产决策提供依据。在投入批生产后,应根据验收试验的数据评估可靠性,检验其生产工艺水平能否保证产品所要求的可靠性水平。在投入使用的早期,通过收集使用现场可靠性数据,及时进行分析和评估,找出产品早期故障及其主要原因,加强可靠性筛选,降低早期故障率。使用中应定期对产品可靠性进行分析和评估,对可靠性低下的产品及时改进,使之达到要求的指标。

柴油机可靠性数据的收集和评估伴随着柴油机各阶段可靠性工程活动而进行。随着可靠性工作的深入开展,可靠性评估工作越来越显示出其重要的价值和作用。可靠性评估为柴油机可靠性设计和可靠性试验提供了基础,也为其可靠性管理提供了决策依据。

可靠性数据是可靠性评估的基础,根据可靠性数据的来源和类型,目前可靠性评估方法主要分为以下几类:

(1) 基于常规寿命数据的可靠性评估。

常规寿命数据是指产品在实际或模拟实际使用和环境条件下获得的寿命时间数据或故障数据。基于常规寿命数据的可靠性评估方法主要集中在对常见寿命分布的参数估计方法上,进而得到所关注可靠性指标的估计。工程领域,成败型试验通常用二项分布描述,电子产品寿命通常用指数分布描述,机械、机电产品寿命通常用威布尔分布描述,轴承疲劳寿命等通常认为服从对数正态分布。

(2) 无故障数据情形下的可靠性评估。

高可靠性产品在试验和使用中可能会出现无故障情形。针对这一情况,很多学者开展了广泛的研究。最具代表性的是陈家鼎等(1995年)使用样本空间排序法,得到常见分布产品在无故障数据情形下的可靠性指标的置信限。由于无故障数据所蕴含的反映产品可靠性的信息较少,因此,相应的产品可靠性评估结果偏保守。

(3) 基于退化数据的可靠性评估。

为了克服无故障数据下可靠性评估的困难,人们开始注意到一些非寿命型数据,如性能退化数据、性能检测数据等。由于这些数据从性能退化和失效机理方面揭示了产品的可靠性特征,因此成为解决小样本、高可靠性产品可靠性评估分析的有效途径。目前,基于退化数据的可靠性评估主要包括两种方法:一是将产品性能退化量或与之相关的参数作为时间的函数,并据此建立退化轨迹;二是将不同样本在同一时刻测得的性能退化数据看作服从某一分布的随机变量,从退化量分布的角度描述产品性能退化规律。

(4) 基于加速试验数据的可靠性评估。

由于常规试验时间较长,需要在较短时间内快速给出可靠性评估结论时,就需要进行加速试验。目前基于加速试验的可靠性评估方法主要是针对已有的加速模型与故障分布开展模型参数与分布参数的统计推断。

(5) 基于贝叶斯方法的可靠性评估。

在工程上,通常会遇到没有足够试验数据支持产品可靠性评估的问题。因此,充分利用产品的先验信息,运用贝叶斯方法进行统计推断是一条有效途径。在利用贝叶斯进行可靠性评估,首先要明确产品寿命分布,然后根据收集到的先验信息,确定分布参数的先验分布,这是最重要的一步,也是最具争议性的一步。目前,针对单个产品的贝叶斯评估主要集中在二项分布、指数分布、威布尔分布、正态分布、对数正态分布等常见分布。

(6) 基于可靠性增长数据的可靠性评估。

可靠性增长数据是在产品可靠性增长过程中收集到的可靠性数据,由于产品在可靠性增长过程中,技术状态不断发生变化,因此可靠性增长数据属于变总体数据。目前,基于可靠性增长数据的可靠性评估主要是基于可靠性增长模型进行统计推断,特别是可靠性增长结束时产品可靠性水平的评估。可靠性增长模型是对产品可靠性增长规律的定量描述,工程上使用较多的有 Duane 模型、AMSAA 模型、Gompertz 模型与延缓纠正的增长预测模型等。

(7)基于部件级数据的可靠性评估。

对于复杂而昂贵的产品,系统级或整机级的试验费用较高,或者根本没有条件进行试验。在这种情况下,可以利用底层分系统、设备、部件、零件等产品的试验数据,根据系统组成结构对系统可靠性进行综合评估,给出系统可靠度置信下限的估计。目前系统可靠性评估方法可分为四类:经典统计(精确方法)、贝叶斯方法、近似方法和蒙特卡洛法。实际中最为常用的是LM法、MML法等近似方法。

在进行柴油机可靠性评估时,应根据收集的数据情况和不同数据的特点,选取合理的可靠性评估方法。

4.2 基于随机线性磨损速率模型的关键零部件可靠性评估和预测

柴油机属于连续、变工况、往复运动工作的复杂机械系统,零部件的磨损、疲劳和断裂是影响柴油机寿命和发生故障的主要原因,因此,国内外在机械装置可靠性试验方案中,都提出了开展关键部套件寿命评估的概念。为了完整准确掌握试验过程中关键部套件的磨损情况,按照可靠性试验要求,在试验前和试验后分别对关键部套件的直径尺寸、公差大小进行了精密测量,事后进行分析比较。这些数据可以反映柴油机的工作状态,对评估关键部套件的可靠性和使用寿命,作为描述整机的可靠性水平和使用寿命的重要内容,同时也为检修周期、维修级别的确定提供参考。具体程序和方法如下:

(1)试验样机安装前精确测量各部件的尺度和精度,记录成册。

(2)按照试验大纲的规定开展试验。

(3)试验结束后对试验样机进行拆检,精确测量各部件的尺度和精度,并对各部件进行探伤。

(4)利用测量数据评估部套件的寿命和整机的可靠性。

(5)列出部套件的寿命排序表,确定关键部套件的寿命。

(6)分析总结提出改进措施。

4.2.1 基于线性随机过程退化模型的可靠性评估方法

设该型柴油机共有 n 个典型零部件存在磨损退化模式。对于第 i 个零部件,通过精确测量 m_i 个部位在1000h考核试验前后尺寸的变化来确定其在考试试验中的磨损程度($i=1,2,\cdots,n$)。

设 $X_j^{(i1)}$ 表示第 i 个部件的第 j 个测试部位在考核试验前相关尺寸的测试

值,$X_j^{(i2)}$表示第i个部件的第j个测试部位在考核试验后相关尺寸前的测试值,则第i个部件在考核试验中的磨损速率样本x_{ij}为

$$x_{ij} = \frac{|X_j^{(i2)} - X_j^{(i1)}|}{\Delta T} \quad (i=1,2,\cdots,n; j=1,2,\cdots,m_i) \quad (4-1)$$

第i个零部件的磨损程度可通过相关尺寸的变化表征,其关键尺寸随时间变化的函数为$X_i(t)$,则

$$X_i(t) = A_i + V_i t \quad (4-2)$$

式中:A_i表示零部件尺寸的初值,由产品生产工艺、装配工艺等决定,即使是同一厂家生产出来的同一批产品,尺寸初值也会有一定的波动性,根据中心极限定理,可设定为服从正态分布的随机变量,即$A_i \sim N(\mu_{A_i}, \sigma_{A_i}^2)$;$V_i$表示零部件尺寸磨损速率,与零部件工作应力、材料特性等决定,即使是在同样的工况下同一批产品,其磨损速率也会存在一定的波动性,根据中心极限定理,可设定为服从正态分布的随机变量,即$V_i \sim N(\mu_{V_i}, \sigma_{V_i}^2)$。

可见,$X_i(t)$为线性随机过程模型。对于任意给定的时刻t,$X_i(t)$为正态分布随机变量,且:

$$E[X_i(t)] = E[A_i + V_i t] = \mu_{A_i} + \mu_{V_i} \cdot t \quad (i=1,2,\cdots,n) \quad (4-3)$$

$$D[X_i(t)] = D[A_i + V_i t] = \sigma_{A_i}^2 + \sigma_{V_i}^2 \cdot t^2 \quad (i=1,2,\cdots,n) \quad (4-4)$$

参数$\mu_{A_i}, \sigma_{A_i}^2$可由零部件不同测试部位在1000h考核试验前的尺寸数据估计得到;参数$\mu_{V_i}, \sigma_{V_i}^2$可由零部件不同部位的磨损速率样本数据估计得到,即

$$\mu_{A_i} = \frac{\sum_{j=1}^{n_i} X_j^{(i1)}}{n_i}, \sigma_{A_i} = \sqrt{\frac{\sum_{j=1}^{n_i}(X_j^{(i)} - \mu_{A_i})^2}{n_i - 1}} \quad (i=1,2,\cdots,n) \quad (4-5)$$

$$\mu_{V_i} = \frac{\sum_{j=1}^{n_i} x_{ij}}{n_i}, \sigma_{V_i} = \sqrt{\frac{\sum_{j=1}^{n_i}(x_{ij} - \mu_{V_i})^2}{n_i - 1}} \quad (i=1,2,\cdots,n) \quad (4-6)$$

不妨设第i个零部件合格尺寸的设计阈值为$[D_{1i}, D_{2i}]$,由磨损决定的第i个零部件的寿命为随机变量T_i,T_i的分布函数记为$F_{T_i}(t)$,第i个零部件的可靠度函数记为$R_{T_i}(t)$。

考虑到磨损均导致零部件相应尺寸单向变化,因此,只需考虑单侧退化型失效阈值。若表征零部件磨损量的尺寸参数为单调递增型变化,则取设计阈值的上限D_{2i}为失效阈值;若表征零部件磨损量的尺寸参数为单调递减型变化,则取设计阈值的下限D_{1i}为失效阈值。此时,可得到递增型零部件尺寸参数的可靠度函数为

$$R_{T_i}(t) = 1 - F_{T_i}(t) = P\{T_i \geq t\}$$
$$= P\{X_i(t) \leq D_{2i}\}$$
$$= P\left\{\frac{X_i(t) - (\mu_{A_i} + \mu_{V_i}t)}{\sqrt{\sigma_{A_i}^2 + \sigma_{V_i}^2 \cdot t^2}} \leq \frac{D_{2i} - (\mu_{A_i} + \mu_{V_i}t)}{\sqrt{\sigma_{A_i}^2 + \sigma_{V_i}^2 \cdot t^2}}\right\}$$
$$= \Phi\left(\frac{D_{2i} - (\mu_{A_i} + \mu_{V_i}t)}{\sqrt{\sigma_{A_i}^2 + \sigma_{V_i}^2 \cdot t^2}}\right) \quad (i = 1, 2, \cdots, n) \tag{4-7}$$

同理,得到递减型零部件尺寸参数的可靠度函数为

$$R_{T_i}(t) = 1 - F_{T_i}(t) = P\{T_i \geq t\}$$
$$= P\{X_i(t) \geq D_{1i}\}$$
$$= P\left\{\frac{X_i(t) - (\mu_{A_i} + \mu_{V_i}t)}{\sqrt{\sigma_{A_i}^2 + \sigma_{V_i}^2 \cdot t^2}} \geq \frac{D_{1i} - (\mu_{A_i} + \mu_{V_i}t)}{\sqrt{\sigma_{A_i}^2 + \sigma_{V_i}^2 \cdot t^2}}\right\}$$
$$= 1 - \Phi\left(\frac{D_{1i} - (\mu_{A_i} + \mu_{V_i}t)}{\sqrt{\sigma_{A_i}^2 + \sigma_{V_i}^2 \cdot t^2}}\right) \quad (i = 1, 2, \cdots, n) \tag{4-8}$$

由式(4-7)或式(4-8)可得到每个关键零部件每个关键部位磨损速率所决定的可靠度函数。我们还需要确定关键零部件的可靠度函数,此时可分为两种情况进行讨论:①关键零部件的寿命仅由一个部位的磨损量决定,则该部位尺寸参数磨损量所决定的可靠度函数与该关键零部件的可靠度函数相同;②关键零部件存在多个关键部位的磨损,此时零部件的可靠度由这几个部位的磨损可靠度函数共同决定。

设零部件h存在k_h个关键部位的磨损,对于每个部位均可利用式(4-7)的计算方法得到$R_{T_j}(t)(j=1,2,\cdots,k)$;此时零部件$h$的寿命$T_h$由这$k_h$个部位的最小磨损寿命决定,即

$$T_h = \min_j \{T_{h_j}\}$$

则零部件h的可靠度函数$R_h(t)$为

$$R_h(t) = 1 - F_{T_h}(t) = P\{\min_j T_{h_j} \geq t\}$$
$$= P\{T_{h_j} \geq t, j = 1, 2, \cdots, k_h\}$$
$$= \prod_{j=1}^{k_h} R_{T_{h_j}}(t) \tag{4-9}$$

寿命T_{R_0}是指在零部件连续工作(不维修)的情况下,可靠度下降为R_0时所经历的连续工作时间,由$R_h(t) = R_0$,解得

$$t = T_{R_0} = R^{-1}(R_0)$$

4.2.2 某型柴油机关键零部件拆检数据预处理

关键零部件拆检数据如表4-1所列。

表4-1 关键零部件拆检数据表

零部件名	参数名	设计阈值		
缸套	内径	Φ280+0.081	初值	0.04,0.035,0.04,0.04,0.035,0.03, 0.035,0.035,0.02,0.03,0.025,0.03, 0.015,0.02,0.02,0.02,0.02,0.025, 0.03,0.03,0.03,0.03,0.025,0.025, 0.03,0.035,0.035,0.035,0.04,0.04, 0.04,0.035,0.04,0.035,0.04,0.035, 0.035,0.04,0.035,0.04,0.06,0.06, 0.06,0.06,0.06,0.06,0.06,0.06, 0.03,0.03,0.035,0.03,0.03,0.035, 0.03,0.035,0.04,0.045,0.04,0.045, 0.05,0.05,0.05,0.05,0.035,0.04, 0.035,0.04,0.035,0.04,0.04,0.045
			磨损量	0.01,0.02,0.02,0.015,0.025,0.025, 0.025,0.03,0.005,0.01,0.03,0.02, 0.01,0.01,0.02,0.03,0.015,0.015, 0.02,0.01,0.005,0.01,0.005,0.005, 0,0.005,0.035,0.03,0,0.01,0.005,0, 0.01,0.025,0.025,0.025,0.01,0.015, 0.025,0.005,0,0.007,0,0.001,0.005, 0,0,0.005,0.01,0.02,0.02,0.025,0, 0.005,0.015,0.01,0.01,0.02,0.03, 0.015,0,0.01,0.01,0.005,0.016, 0.0115,0.017,0.012,0.015,0.005, 0,0.005
	珩磨网纹 Ra	1.5≤Ra≤2.3	初值	1.67,1.57,1.67
			试验后	1.05~1.15,1.08~1.55,1.12~1.49
	珩磨网纹 Rz	12≤Rz≤20	初值	16.5,18.1,14.6
			试验后	8.0~10.0,9.3~12.4,9.0~11.6
	珩磨网纹 TP	TP≥50%	初值	51.9,55,53
			试验后	54%~58%,53%~67%,58%~65%
偶件间隙		0.008~0.010mm	初值	0.0080,0.0081
			磨损量	0.001,0.0009

续表

零部件名	参数名	设计阈值		
高压油泵流量	525r/min 每循环油量 cm³/cp-27mm	2.95±0.05	初值	2.99,2.98
			退化量	-0.01,-0.01
	525r/min 每循环油量 cm³/cp-21mm	2.1±0.05	初值	2.14,2.13
			退化量	-0.02,-0.03
	525r/min 每循环油量 cm³/cp-16mm	1.44±0.05	初值	1.39,1.39
			退化量	0,0.01
	525r/min 每循环油量 cm³/cp-9mm	0.64±0.05	初值	0.59,0.60
			退化量	0.01,0.01
	525r/min 停油点	2.5~4.5	初值	4.1,4.1
			退化量	0,0.1
	300r/min 每循环油量 cm³/cp-9mm	0.31±0.05	初值	0.26,0.26
			退化量	0.01,0
	525r/min 停油点	5.0~7.0	初值	5.3,5.3
			退化量	0,0.1
水泵轴	直径	Φ40±0.1mm	初值	0.045(海水泵),0.1(淡水泵)
			磨损量	-0.005(海水泵),-0.01(淡水泵)
B1缸气阀	进气阀-阀盘厚度	8±0.1mm	初值	8.10,8.10
			磨损量	-0.05,-0.04
	进气阀-阀杆直径	Φ18-0.08-0.10mm	初值	17.92,17.915
			磨损量	-0.02,-0.005
	进气阀-跳动度	0.03A	初值	0.005,0.02
			退化量	0.005,0
	排气阀-阀盘厚度	5±0.1mm	初值	5.05,4.95
			磨损量	-0.05,-0.05
	排气阀-阀杆直径	Φ18-0.08-0.10mm	初值	17.93,17.925
			磨损量	-0.02,-0.015
	排气阀-跳动度	0.03A	初值	0.015,0.025
			退化量	0.005,0.005
连杆螺栓	垂直度	0.02B	初值	0.010,0.018,0.015,0.015
			退化量	0.005,0.002,0.005,0.005

续表

零部件名	参数名	设计阈值		
主轴上瓦	壁厚	$4.91^{0}_{-0.015}$	初值	4.903,4.906,4.903,4.903,4.906,4.903,4.903,4.905,4.903,4.905,4.905,4.903,4.903,4.905,4.905,4.905,4.906,4.903,4.903,4.906,4.903,4.905,4.906,4.905,4.905,4.906,4.903,4.907,4.906,4.907,4.907,4.91,4.91,4.91,4.91,4.908,4.908,4.908,4.903,4.905,4.906,4.903,4.907,4.907,4.903,4.905,4.906,4.905,4.905,4.905,4.903,4.903,4.906,4.905
			磨损量	0,−0.001,0,0,−0.001,0,0,0,0,0,−0.002,0,0,0,0,−0.001,0,0,−0.001,0,0,−0.001,0,0,−0.001,0,−0.001,0,0,0,0,0,0,0,−0.001,0,0,−0.001,0,0,−0.002,0,0,−0.001,0,0,0,0,−0.001,−0.001,0
	开口尺寸	240^{+6}_{+3}	初值	243.7,244.6,244,244,244,243.2,243.2,244,243.6
			磨损量	−0.2,−0.2,0,−0.2,−0.3,−0.3,−0.4,0,−0.4
主轴下瓦	壁厚 a,c	$4.91^{0}_{-0.015}$	初值	4.91,4.91,4.906,4.903,4.91,4.903,4.907,4.908,4.908,4.908,4.906,4.905,4.903,4.903,4.903,4.903,4.906,4.903,4.91,4.906,4.91,4.903,4.91,4.906,4.906,4.908,4.906,4.91,4.91,4.905,4.906,4.903,4.906,4.908,4.906,4.908
			磨损量	0,0,−0.001,0,0,0,0,0,0,−0.001,−0.001,0,0,0,−0.001,−0.001,−0.001,0,0,−0.001,0,0,0,−0.001,−0.001,−0.001,−0.001,0,0,0,−0.001,0,−0.001,−0.001,−0.001,0
	壁厚 b	$4.93^{0}_{-0.015}$	初值	4.925,4.925,4.92,4.923,4.925,4.92,4.92,4.925,4.92,4.925,4.925,4.92,4.923,4.925,4.92,4.92,4.925,4.92
			磨损量	0,0,0,−0.005,−0.001,0,0,0,−0.001,0,0,0,−0.005,−0.001,0,0,0,−0.001
	开口尺寸	240^{+6}_{+3}	初值	243.6,244.6,243.7,244,244,243.9,244,244,244.1
			磨损量	−0.2,−0.1,−0.1,−0.2,−0.3,−0.3,−0.2,−0.2,−0.4

续表

零部件名	参数名	设计阈值		
连杆上瓦	壁厚 a,c	$4.89^{0}_{-0.01}$	初值	4.89，4.89，4.89，4.89，4.89，4.89，4.887，4.89，4.89，4.89，4.887，4.89，4.89，4.887，4.887，4.89，4.89，4.89，4.89，4.89，4.887，4.887，4.89，4.887，4.887，4.887，4.887，4.89，4.887，4.887，4.89，4.89，4.887，4.887，4.89，4.885，4.887，4.89，4.887，4.885，4.887，4.887，4.887，4.887，4.89，4.887，4.89，4.89，4.89，4.89，4.887，4.887，4.89，4.89，4.887，4.887，4.887，4.883，4.887
			磨损量	0,0,0,0,0,0,0,0,0,0,0,0,0,0,0,0,0, 0,0,0,0,0,0,0,0,0,0,0,0,0,0,0,0,0, −0.002,0,0,0,0,0,0,0,0,0,0,0,0,0, −0.002,0,0,0,0,0,0,0,0,0,0,0,0,0, −0.001
	壁厚 b	$4.915^{0}_{-0.01}$	初值	4.91，4.91，4.91，4.91，4.91，4.91，4.91，4.91，4.91，4.91，4.91，4.91，4.91，4.91，4.91，4.91，4.91，4.91，4.91，4.91，4.91，4.91，4.91，4.91，4.91,4.91,4.91,4.91,4.91,4.91
			磨损量	0,0,0,0,0,0,0,0,0,0,0,0,0,0,0,0, 0,0,0,0,0,0,0,0,0,0,0,0,0
	开口尺寸	220^{+5}_{+3}	初值	223.6，223.5，223.7，223.5，223.8，223.3，223.5，223.6，223.6，223.1，223.3,223.7,223.4,223.7,224
			磨损量	−0.6，−0.4，−0.6，−0.7，−0.7，−0.5，−0.4，−0.5，−0.4，−0.4，−0.4，−0.4，−0.4，−0.3，−0.4

续表

零部件名	参数名	设计阈值		
连杆下瓦	壁厚 a,c	$4.89^{0}_{-0.01}$	初值	4.89, 4.887, 4.887, 4.89, 4.882, 4.885, 4.887, 4.88, 4.885, 4.882, 4.887, 4.887, 4.887, 4.885, 4.882, 4.89, 4.887, 4.887, 4.89, 4.89, 4.885, 4.887, 4.88, 4.885, 4.885, 4.885, 4.887, 4.885, 4.882, 4.883, 4.89, 4.887, 4.887, 4.887, 4.89, 4.89, 4.887, 4.882, 4.885, 4.887, 4.887, 4.89, 4.89, 4.882, 4.882, 4.89, 4.887, 4.89, 4.887, 4.887, 4.887, 4.887, 4.882, 4.885, 4.885, 4.887, 4.887, 4.89, 4.887, 4.885
			磨损量	0,0,0,0,0,0,0,0,0,−0.002,0,0,0,0, 0,0,−0.002,−0.002,0,0,0,0,0,0,0, 0,−0.002,0,0,−0.001,0,0,0,0,0, 0,0,0,0,0,0,0,0,0,0,0,0,0,0,0, 0,0,0,0,0,0,0,0
	壁厚 b	$4.915^{0}_{-0.01}$	初值	4.912, 4.912,4.912,4.912,4.912,4.912
			磨损量	0,0,0,−0.001,0,0,0,0,0,0,0,0,0, 0,0,0,0,0,0,0,0,0,0,0,0,0,0,0
	开口尺寸	220^{+5}_{+3}	初值	223.6, 223.4, 223.4, 223.5, 223.8, 223.3, 223.8, 223.6, 223.6, 223.1, 223.7, 223.7, 223.4, 223.8, 223.4
			磨损量	−0.2, −0.3, −0.5, −0.4, −0.4, −0.3, −0.3, −0.2, −0.6, −0.4, −0.3, −0.2, −0.5, −0.4, −0.5

续表

零部件名	参数名	设计阈值		
连杆小端衬套		$\phi110^{+0.215}_{+0.140}$	初值	110.165，110.18，110.14，110.15，110.15，110.16，110.16，110.18，110.17，110.17，110.15，110.17，110.16，110.17，110.17，110.175，110.15，110.16，110.16，110.15，110.17，110.18，110.17，110.16，110.18，110.16，110.17，110.18，110.165，110.18，110.18，110.16，110.165，110.18，110.145，110.15，110.16，110.16，110.16，110.18，110.17，110.17，110.15，110.17，110.16，110.17，110.17，110.175，110.15，110.15，110.16，110.15，110.17，110.18，110.17，110.16，110.18，110.16，110.17，110.18，110.165，110.18，110.18，110.16
			磨损量	0.02,0.02,0.005,0.015,0.015,0.02,0.005,0.005,0.005,0.02,0.01,0,0.005,0.01,0.005,0.015,0.01,0.01,0,0.02,0.005,0.01,0,0.02,0,0,0,0,0,0,0.01,0.025,0.02,0.005,0.015,0.005,0.02,0,0.005,0.005,0.02,0.01,0,0.005,0.01,0.005,0.015,0.01,0.02,0.005,0.02,0.005,0.01,0,0.02,0,0,0,0,0.005,0,0,0.01
摇臂衬套	进气摇臂	$\phi58^{+0.064}_{+0.02}$	初值	58.04，58.04，58.04，58.04，58.035，58.035，58.05，58.04，58.04，58.04，58.035，58.035，58.035，58.035，58.04，58.04，58.04，58.04，58.04，58.04，58.06，58.06，58.05，58.05，58.06，58.06，58.05，58.05，58.05，58.05，58.045，58.045，58.04，58.04，58.04，58.04，58.035，58.035，58.05，58.04，58.04，58.04，58.035，58.035，58.035，58.035，58.04，58.04，58.04，58.04，58.04，58.04，58.06，58.06，58.05，58.05，58.06，58.06，58.05，58.05，58.05，58.05，58.045，58.045
			磨损量	0.005,0.01,0.015,0.015,0.01,0.015,0,0,0.02,0.02,0.015,0.019,0.02,0.02,0,0.01,0,0.01,0.01,0,0,0,0.01,0.015,0.004,0,0,0.01,0,0.014,0.005,0,0.005,0.01,0.015,0.015,0.01,0.015,0,0,0.02,0.02,0.015,0.019,0.02,0.02,0,0.01,0,0.01,0,0.01,0.01,0,0,0,0.01,0.015,0.004,0,0,0.01,0,0.014,0.005,0

续表

零部件名	参数名	设计阈值		
摇臂衬套	排气摇臂	$\phi 58^{+0.064}_{+0.02}$	初值	58.05, 58.05, 58.04, 58.04, 58.04, 58.04, 58.04, 58.045, 58.045, 58.055, 58.055, 58.055, 58.05, 58.05, 58.05, 58.05, 58.045, 58.045, 58.06, 58.06, 58.06, 58.06, 58.05, 58.05, 58.05, 58.06, 58.055, 58.055, 58.045, 58.045, 58.04, 58.04, 58.05, 58.05, 58.04, 58.04, 58.04, 58.04, 58.04, 58.045, 58.045, 58.055, 58.055, 58.055, 58.05, 58.05, 58.05, 58.05, 58.045, 58.045, 58.06, 58.06, 58.06, 58.06, 58.06, 58.05, 58.06, 58.055, 58.055, 58.045, 58.045, 58.04, 58.04
			磨损量	0.01, 0.014, 0.015, 0.02, 0.02, 0.015, 0.02, 0.015, 0.015, 0.01, 0, 0.005, 0.01, 0.014, 0, 0.01, 0.01, 0.005, 0, 0, 0.01, 0, 0.005, 0.01, 0.01, 0.004, 0.005, 0.009, 0.019, 0.01, 0.02, 0.02, 0.01, 0.014, 0.015, 0.02, 0.02, 0.015, 0.02, 0.015, 0.015, 0.01, 0, 0.005, 0.01, 0.014, 0, 0.01, 0.01, 0.005, 0, 0, 0.01, 0, 0.005, 0.01, 0.01, 0.004, 0.005, 0.009, 0.019, 0.01, 0.02, 0.02
燃油输送泵	齿轮和泵体径向间隙(单边)	0.15~0.17	初值	0.165
			磨损量	0
	齿轮和泵体端面间隙	0.06~0.08	初值	0.070
			磨损量	0
	衬套内安装间隙	0.06~0.11	初值	0.075
			磨损量	0.01
	齿轮啮合间隙	0.08~0.15	初值	0.110
			磨损量	0
装配间隙	轴向推力间隙A值	0.11~0.22	初值	0.17,0.18
			磨损量	−0.01,−0.03
	摆差B值	0.47~0.66	初值	0.60,0.60
			磨损量	0.04,0.02
	压气叶轮与叶轮罩壳间隙N值	0.61~0.65	初值	0.65,0.62
			磨损量	−0.03,0.03
	涡轮叶片与喷嘴罩间隙R值	0.75~0.82	初值	0.75,0.75
			磨损量	0.05,0.05

续表

零部件名	参数名	设计阈值		
曲轴	主轴颈	$\phi 230^{+0.08}_{+0.05}$	初值	0.074，0.066，0.073，0.069，0.07，0.073，0.076，0.08，0.076，0.079，0.066，0.074，0.068，0.072，0.06，0.068，0.062，0.067，0.074，0.069，0.061，0.069，0.071，0.077，0.072，0.066，0.074，0.072，0.078，0.067，0.08，0.08，0.079，0.074，0.078，0.075
			磨损量	－0.009，－0.005，－0.007，－0.003，－0.004，－0.008，－0.007，－0.01，－0.005，－0.007，0.003，0.001，－0.002，0，0.001，0.001，0.003，－0.002，－0.008，－0.001，0，－0.001，－0.003，－0.002，－0.004，－0.005，0.001，－0.005，－0.013，－0.001，－0.005，－0.005，－0.001，0，－0.002，－0.004
	连杆颈	$\phi 210^{0}_{-0.029}$	初值	－0.021，－0.016，－0.019，－0.018，－0.016，－0.011，－0.013，－0.013，－0.02，－0.02，－0.02，－0.022，－0.018，－0.016，－0.027，－0.029，－0.025，－0.02，－0.022，－0.017，－0.026，－0.02，－0.027，－0.017，－0.013，－0.011，－0.016，－0.013，－0.004，－0.011，－0.007，－0.012
			磨损量	－0.004，－0.002，－0.002，－0.006，－0.002，－0.006，－0.005，－0.003，－0.005，－0.005，－0.005，－0.006，0.001，－0.008，0.006，0.002，0.006，0.003，0.006，0.002，0.005，－0.001，0.004，－0.002，0.003，0.004，0，－0.004，－0.002，0.001，0.001，－0.002
气缸套		$\phi 280 +0.0810$	初值	0，0.005，0.02，0.015，0.02，0.01，0.02，0.005，0.01，0.02，0.015，0.02，0.02，0.03，0.01，0.015，0.02，0.015，0.04，0.01，0.04，0，0.01，0.02，0.015，0.025，0.015，0.03，0.02，0.02，0.01，0.015，0.01，0.01，0.05，0.005，0.01，0.01，0.015，0.02，0.01，0.04
			磨损量	0.02，0.015，0.01，0.02，0.025，0.015，0.03，0.02，0.01，0.025，0.025，0.025，0.015，0.04，0.025，0.01，0.035，0.03，0.03，0.03，0.035，0.02，0.03，0.02，0.04，0.025，0.035，0.02，0.015，0.03，0.02，0.04，0.025，0.035，0.02，0.01，0.025，0.03，0.045，0.02，0.03，0.025，0.02，0.025，0.025，0.015，0.03，0.03

续表

零部件名	参数名	设计阈值		
小端衬套		Φ110.14 -110.215mm	初值	0.165, 0.17, 0.16, 0.16, 0.15, 0.15, 0.16, 0.18, 0.155, 0.155, 0.17, 0.15, 0.145, 0.15, 0.165, 0.17, 0.17, 0.145, 0.17, 0.18, 0.18, 0.16, 0.17, 0.18, 0.165, 0.165, 0.18, 0.17, 0.15, 0.17, 0.175, 0.16
			磨损量	0.015, 0.01, 0.005, 0.005, 0.02, 0.01, 0.005, 0.015, 0.005, 0.005, 0.005, 0.02, 0.005, 0.005, 0.005, 0.01, 0.01, 0.005, 0.01, 0.005, 0.01, 0.01, 0.01, 0.01, 0.005, 0.01, 0.01, 0.01, 0.01, 0.01, 0.005, 0.01
活塞环	第1道环(顶环) 开口间隙	2.4±0.1	初值	2.3, 2.3, 2.3, 2.3, 2.3, 2.3, 2.3, 2.3, 2.3, 2.3, 2.3, 2.3, 2.3
			磨损量	0.05, 0.05, 0, 0, 0, 0, 0, 0, 0, 0, 0, 0, 0, 0, 0.05
	第1道环(顶环) 环槽间隙	0.21~0.24	初值	0.21, 0.22, 0.21, 0.21, 0.21, 0.21, 0.21, 0.21, 0.21, 0.21, 0.21, 0.21, 0.21, 0.21
			磨损量	0, 0, 0.01, 0, 0, 0, 0, 0, 0, 0, 0, 0, 0, 0
	第2/3道环(压缩环) 第二道开口间隙	1.2±0.1	初值	1.1, 1.15, 1.1, 1.1, 1.1, 1.1, 1.1, 1.1, 1.1, 1.1, 1.1, 1.1, 1.1, 1.1, 1.1
			磨损量	0.05, 0, 0, 0, 0, 0, 0, 0, 0, 0, 0, 0, 0
	第2/3道环(压缩环) 第三道开口间隙	1.2±0.1	初值	1.25, 1.2, 1.2, 1.2, 1.2, 1.25, 1.2, 1.25, 1.25, 1.25, 1.2, 1.2, 1.2
			磨损量	0.05, 0.1, 0.1, 0.05, 0.05, 0.05, 0.05, 0.05, 0.05, 0.05, 0.05, 0, 0, 0.05
	第2/3道环(压缩环) 第二道环槽间隙	0.16~0.19	初值	0.16, 0.16, 0.17, 0.17, 0.16, 0.16, 0.16, 0.16, 0.16, 0.16, 0.16, 0.16, 0.16, 0.16
			磨损量	0, 0, 0, 0.01, 0, 0, 0, 0, 0, 0, 0, 0
	第2/3道环(压缩环) 第三道环槽间隙	0.11~0.14	初值	0.11, 0.11, 0.11, 0.11, 0.11, 0.12, 0.11, 0.11, 0.12, 0.11, 0.11, 0.11, 0.11, 0.12
			磨损量	0, 0, 0, 0, 0, 0, 0, 0, 0, 0, 0, 0

续表

零部件名	参数名	设计阈值		
活塞环	第4/5道环(刮油环)开口间隙	0.9~1.3	初值	1.1,1.1,1.15,1.15,1.1,1.15,1.1,1.1,1.1,1.1,1.15,1.1,1.1,1.1
			磨损量	0.25,0.15,0.2,0.2,0.15,0.15,0.2,0.2,0.2,0.2,0.2,0.2,0.2,0.2
	第4/5道环(刮油环)环槽间隙	0.063~0.105	初值	0.07,0.07,0.07,0.08,0.07,0.08,0.07,0.07,0.07,0.07,0.07,0.07,0.07,0.07
			磨损量	0,0,0,0,0,0,0,0,0,0,0,0,0,0

4.2.3 关键零部件可靠性评估示例

以某型柴油机拆检数据为例,根据各关键零部件关键部位的磨损情况,对其进行可靠性评估,确定各关键零部件的可靠寿命和可靠度函数。关键零部件关键部位可靠性评估结果如表4-2所列,关键零部件可靠性评估结果如表4-3所列。

表4-2 某型关键零部件拆检部位参数可靠性评估结果

零部件名称		图纸设计要求/mm	初值随机性参数		磨损速率随机性参数(以1120h为单位时间)		可靠寿命/h		可靠度	
			μ_{A_i}	σ_{A_i}	μ_{V_i}	σ_{V_i}	$T_{0.9}$	$T_{0.8}$	$R(1000)$	$R(2000)$
1.缸套	内径	$\phi 280_0^{+0.081}$	0.0374	0.0109	0.0128	0.0095	1800	2200	0.9903	0.8499
2.主轴上瓦	壁厚	$4.91_{-0.015}^{0}$	4.9053	0.0020	-0.0003	0.0005	>10^4	>10^4	1.0000	1.0000
	开口尺寸	240_{+3}^{+6}	243.8111	0.4428	-0.2222	0.1481	1100	1900	0.9075	0.7891
3.主轴下瓦	壁厚 a,c	$4.91_{-0.015}^{0}$	4.9064	0.0026	-0.0004	0.0005	>10^4	>10^4	1.0000	1.0000
	壁厚 b	$4.93_{-0.015}^{0}$	4.9226	0.0024	-0.0008	0.0016	2600	3800	0.9926	0.9504
	开口尺寸	240_{+3}^{+6}	243.9889	0.2804	-0.2222	0.0972	2600	3300	0.9965	0.9637

续表

零部件名称		图纸设计要求/mm	初值随机性参数		磨损速率随机性参数(以1120h为单位时间)		可靠寿命/h		可靠度	
			μ_{A_i}	σ_{A_i}	μ_{V_i}	σ_{V_i}	$T_{0.9}$	$T_{0.8}$	$R(1000)$	$R(2000)$
4. 连杆上瓦	壁厚 a,c	$4.89^{0}_{-0.01}$	4.8883	0.0018	−0.0001	0.0004	>10⁴	>10⁴	1.0000	1.0000
	壁厚 b	$4.915^{0}_{-0.01}$	4.9100	0.0000	0	0	>10⁴	>10⁴	1.0000	1.0000
	开口尺寸	220^{+5}_{+3}	223.5533	0.2232	−0.4733	0.1223	600	800	0.7006	0.1749
5. 连杆下瓦	壁厚 a,c	$4.89^{0}_{-0.01}$	4.8863	0.0028	−0.0002	0.0005	6900	>10⁴	0.9861	0.9808
	壁厚 b	$4.915^{0}_{-0.01}$	4.9120	0.0000	−0.0000	0.0002	>10⁴	>10⁴	1.0000	1.0000
	开口尺寸	220^{+5}_{+3}	223.5400	0.2063	−0.3667	0.1234	800	1000	0.8183	0.3519
6. 连杆小端衬套		$\phi110^{+0.215}_{+0.140}$	110.1655	0.0108	0.0083	0.0076	2800	3600	0.9995	0.9768
7. 摇臂衬套	进气摇臂	$\phi58^{+0.064}_{+0.02}$	58.0441	0.0079	0.0085	0.0074	900	1300	0.8842	0.6211
	排气摇臂	$\phi58^{+0.064}_{+0.02}$	58.0492	0.0068	0.0103	0.0065	600	800	0.7330	0.3940
8. 曲轴	主轴颈	$\phi230^{+0.08}_{+0.05}$	0.0719	0.0054	−0.0033	0.0037	2800	3600	0.9985	0.9685
	连杆颈	$\phi230^{+0.08}_{+0.05}$	−0.0175	0.0059	−0.0008	0.0041	1500	2700	0.9408	0.8593
9. 气缸套		$\phi280^{+0.081}_{0}$	0.0171	0.0108	0.0244	0.0085	1900	2200	0.9993	0.8621
10. 小端衬套		$110^{+0.215}_{+0.14}$	0.1639	0.0108	0.0089	0.0042	3600	4400	0.9999	0.9963

续表

零部件名称	图纸设计要求/mm	初值随机性参数		磨损速率随机性参数(以1120h为单位时间)		可靠寿命/h		可靠度	
		μ_{A_i}	σ_{A_i}	μ_{V_i}	σ_{V_i}	$T_{0.9}$	$T_{0.8}$	$R(1000)$	$R(2000)$
11. 活塞环	第1道环(顶环)开口间隙	2.4±0.1	2.3000	0.0000	0.0107	0.0213	5900	7800	1.0000	1.0000
	第1道环(顶环)环槽间隙	0.21~0.24	0.2107	0.0027	0.0007	0.0027	7900	>10^4	1.0000	1.0000
	第2/3道环(压缩环)第二道开口间隙	1.2±0.1	1.1036	0.0134	0.0036	0.0134	>10^4	>10^4	1.0000	1.0000
	第2/3道环(压缩环)第三道开口间隙	1.2±0.1	1.2214	0.0257	0.0500	0.0277	800	1100	0.8292	0.4238
	第2/3道环(压缩环)第二道环槽间隙	0.16~0.19	0.1614	0.0036	0.0007	0.0027	7600	>10^4	1.0000	1.0000
	第2/3道环(压缩环)第三道环槽间隙	0.11~0.14	0.1121	0.0043	0	0	>10^4	>10^4	1.0000	1.0000
	第4/5道环(刮油环)开口间隙	0.9~1.3	1.1143	0.0234	0.1929	0.0267	800	900	0.6570	0.0014
	第4/5道环(刮油环)环槽间隙	0.063~0.105	0.0714	0.0036	0	0	>10^4	>10^4	1.0000	1.0000

表4-3　某型关键零部件可靠性评估结果

零部件名称	可靠寿命/h		MTBF/h	可靠度		
	$T_{0.9}$	$T_{0.8}$		$R(1000)$	$R(2000)$	$R(3000)$
缸套(单位)	1800	2200	6669	0.9903	0.8499	0.6338
主轴上瓦	1100	1900	6166	0.9075	0.7890	0.6417
主轴下瓦	2100	2700	4988	0.9891	0.9158	0.7357
连杆上瓦	600	800	1478	0.7006	0.1749	0.0357
连杆下瓦	700	1000	1985	0.8070	0.3452	0.1247
连杆小端衬套	2800	3600	9663	0.9995	0.9768	0.8809
摇臂衬套	500	700	1910	0.6482	0.2447	0.1106
曲轴	1500	2200	6981	0.9394	0.8322	0.6771
气缸套(单位)	1900	2200	3572	0.9993	0.8621	0.4760
小端衬套	3600	4400	8066	0.9999	0.9963	0.9602
活塞环	700	800	1075	0.5448	6.0251×10^{-4}	1.3464×10^{-6}

将表4-2中的$\mu_{A_i}, \sigma_{A_i}, \mu_{V_i}, \sigma_{V_i}$等参数估计结果代入式(4-7),得到关键零部件可靠度函数曲线如图4-1所示。

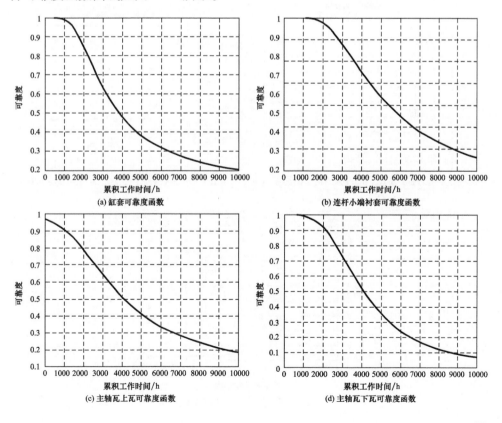

(a) 缸套可靠度函数　　(b) 连杆小端衬套可靠度函数
(c) 主轴瓦上瓦可靠度函数　　(d) 主轴瓦下瓦可靠度函数

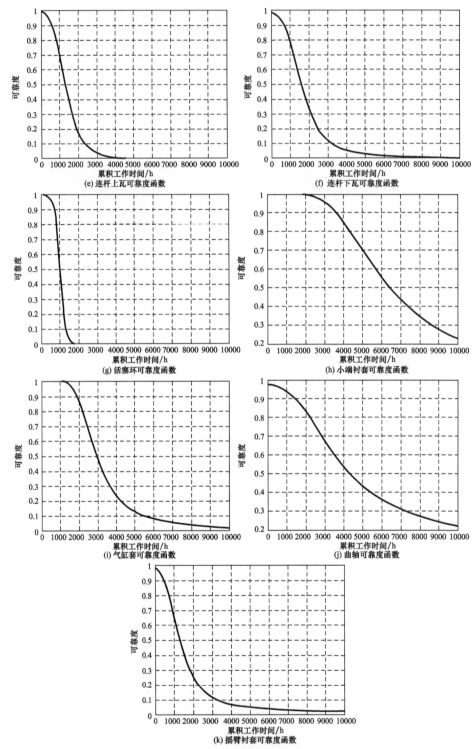

图 4-1 关键零部件可靠度函数

4.3 基于润滑磨损机理的柴油机缸套可靠性评估与更换周期确定

4.3.1 试验数据

柴油机具有启动速度快、功率密度高、寿命周期长、全寿命费用低、性能稳定、质量可靠等优点,是舰艇推进、电站的主要动力来源。缸套是柴油机的关键部件之一。由于缸套是薄壁套筒形,径向刚度差,且轴向壁厚不均匀,铸造和加工内应力易造成变形,每一道机加工工序都可能产生夹紧变形。而在试验和使用中的磨损和形变是导致缸套故障的主要原因。

下面以某型柴油机缸套拆检数据为例,说明基于润滑磨损机理模型的建模、可靠性评估和寿命预测的过程。由工程实践可知,在1000h寿命考核试验中重点对缸套的磨损和形变情况进行监控,在拆检过程中获取了缸套内径数据,由于缸套内径要求为 $\Phi 280 + 0.0810$,因此记录数据时以280为基础,只记录与280的差异,如表4-4所列。由此得到以其失效机理为依据,建立性能退化模型,进一步给出寿命分布,并评估可靠性特征量。

表4-4 缸套内径拆检数据　　单位:mm

缸套	$t=0$	$t=200$	$t=400$	$t=600$	$t=800$	$t=1000$
A1	0.035	0.036	0.037	0.038	0.039	0.040
A2	0.036	0.037	0.039	0.040	0.040	0.043
A3	0.038	0.040	0.040	0.041	0.042	0.044
A4	0.037	0.037	0.037	0.038	0.040	0.041
A5	0.036	0.036	0.038	0.040	0.040	0.042
A6	0.035	0.036	0.037	0.038	0.040	0.042
A7	0.039	0.040	0.042	0.045	0.045	0.048
A8	0.040	0.040	0.040	0.042	0.044	0.045
B1	0.038	0.038	0.037	0.039	0.039	0.042
B2	0.039	0.040	0.040	0.042	0.043	0.045
B3	0.040	0.040	0.041	0.041	0.043	0.043
B4	0.036	0.037	0.038	0.039	0.040	0.042
B5	0.037	0.039	0.039	0.043	0.043	0.045
B6	0.039	0.039	0.039	0.042	0.043	0.044
B7	0.040	0.041	0.042	0.043	0.044	0.045
B8	0.036	0.036	0.037	0.038	0.039	0.040

根据表4-4,得到缸套内径随试验时间的变化情况如图4-2所示。

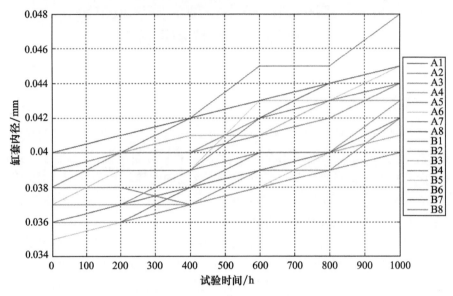

图4-2 缸套内径随试验时间的变化趋势(彩图)

根据表4-5,得到缸套磨损量随试验时间的增长趋势如图4-3所示。

表4-5 缸套退化增量数据

缸套	$t=0$	$t=200$	$t=400$	$t=600$	$t=800$	$t=1000$
A1	0.000	0.001	0.002	0.003	0.004	0.005
A2	0.000	0.001	0.003	0.004	0.004	0.007
A3	0.000	0.002	0.002	0.003	0.004	0.006
A4	0.000	0.000	0.000	0.001	0.003	0.004
A5	0.000	0.000	0.002	0.004	0.004	0.006
A6	0.000	0.001	0.002	0.003	0.005	0.007
A7	0.000	0.001	0.003	0.006	0.006	0.009
A8	0.000	0.000	0.000	0.002	0.004	0.005
B1	0.000	0.000	-0.001	0.001	0.001	0.004
B2	0.000	0.001	-0.001	0.003	0.004	0.006
B3	0.000	0.000	0.001	0.001	0.003	0.003
B4	0.000	0.001	0.002	0.003	0.004	0.006
B5	0.000	0.002	0.002	0.006	0.006	0.008
B6	0.000	0.000	0.000	0.003	0.004	0.005
B7	0.000	0.001	0.002	0.003	0.004	0.005
B8	0.000	0.000	0.001	0.002	0.003	0.004

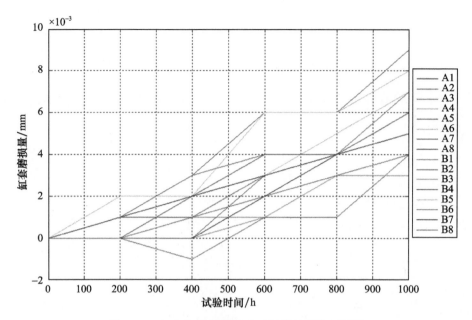

图 4-3　缸套磨损量随试验时间增长趋势（彩图）

在上述试验数据的基础上,根据缸套磨损和形变失效机理,对其进行退化建模和可靠性分析。

4.3.2　基于润滑磨损机理的寿命建模

缸套在周期载荷的作用下,其内径磨损和形变逐渐加剧,即特征量在逐渐地退化,一个载荷周期可认为是一个时间单位,当退化量超过规定的失效阈值D_f时,产品即发生退化失效。在每个载荷周期内,载荷所引起的产品退化量是一个随机变量,该值受到产品材料、制造工艺、作用力等的作用。对于柴油机缸套而言,在给定润滑膜厚度、表面粗糙度波长、相对滑动速度、材料黏度等条件下,单位时间磨损量可作为独立同分布的正态分布处理,可建立相应的 Birnbaum – Saunders 模型(简称 B – S 模型)。

设第j个循环周期的磨损量为Y_j,Y_j是独立同分布非负的随机变量,均值为μ,方差为σ^2。n个周期后,总磨损量为

$$W_n = \sum_{j=1}^{n} Y_j \qquad (4-10)$$

设第c个周期后磨损导致的磨损量增大到不可接受的程度,即在第c个周期,W_n首次超过临界值ω,有

$$P(c \leqslant n) = P(W_n \geqslant \omega)$$

$$= 1 - P\left(\sum_{j=1}^{n} Y_j \leqslant \omega\right)$$

$$= P\left(\sum_{j=1}^{n} \frac{Y_j - \mu}{\sigma \sqrt{n}} \leqslant \frac{\omega - n\mu}{\sigma \sqrt{n}}\right) \quad (4-11)$$

当 n 很大时(在磨损过程中是一个很容易满足的条件),由中心极限定理及正态分布的对称性可得

$$P(c \leqslant n) = 1 - \Phi\left(\frac{\omega - n\mu}{\sigma \sqrt{n}}\right) = \Phi\left(\frac{n\mu - \omega}{\sigma \sqrt{n}}\right) \quad (4-12)$$

式中: $\Phi(\cdot)$ 为标准正态分布函数。

由于存在很多的周期,每一个持续时间很短,可以用连续时间 t (失效需要的时间)来替换离散时间 n。故相应的寿命分布函数为

$$F(t) = P(T \leqslant t) = \Phi\left\{\frac{1}{\alpha}\left[\sqrt{\frac{t}{\beta}} - \sqrt{\frac{\beta}{t}}\right]\right\} \quad (4-13)$$

式中: $\alpha = \frac{\sigma}{\sqrt{\mu\omega}}, \beta = \frac{\omega}{\mu}, \alpha$ 和 β 分别为形状参数和尺度参数。

4.3.3 缸套磨损模型参数估计

α 和 β 分别对应于性能退化速率的均值和方差,可以通过分析失效过程的统计特性和性能试验数据对参数进行估计。参数估计步骤如下:

Step1 计算各样本单位时间间隔内的退化增量序列;

Step2 计算各单位时间间隔内的退化增量平均值;

Step3 由多个单位时间间隔退化增量平均值序列,采用矩估计法估计均值 μ 和标准差 σ;

Step4 由给定的失效阈值 ω 计算形状参数 α 和尺度参数 β:

$$\alpha = \frac{\sigma}{\sqrt{\mu\omega}}, \beta = \frac{\omega}{\mu} \quad (4-14)$$

Step5 由 α 和 β 得到缸套寿命分布函数:

$$F(t) = P(T \leqslant t) = \Phi\left[\frac{1}{\alpha}\left(\sqrt{\frac{t}{\beta}} - \sqrt{\frac{\beta}{t}}\right)\right] \quad (4-15)$$

式中: $\Phi(\cdot)$ 为标准正态分布函数。

由于缸套内径的设计要求为 $\Phi 280 + 0.0810$,由初值的随机性,得到失效阈值 $\omega = 0.081 - $ 初值的平均值 $= 0.0434$。

于是,按照上述步骤,得到缸套磨损模型参数估计结果,见表 4-6。

表4-6 缸套磨损模型参数估计

参数	μ	σ	ω	α	β
估计	0.0024	0.0021	0.0434	0.2078	17.8205

需要说明的是,这里估计出的参数所对应的单位时间间隔为200h。在下文的分析中,需进行相应的时间转化才能得到各个时间点的可靠度函数。

4.3.4 缸套检修和更换周期确定

将上述参数估计结果代入下式:

$$F(t) = P(T \leq t) = \Phi\left[\frac{1}{\alpha}\left(\sqrt{\frac{t}{\beta}} - \sqrt{\frac{\beta}{t}}\right)\right] \quad (4-16)$$

得到缸套寿命分布函数为

$$R(t) = 1 - F(t) = 1 - P(T \leq t) = 1 - \Phi\left[\frac{1}{0.2078}\left(\sqrt{\frac{t}{17.8205}} - \sqrt{\frac{17.8205}{t}}\right)\right] \quad (4-17)$$

其可靠度函数如图4-4所示。

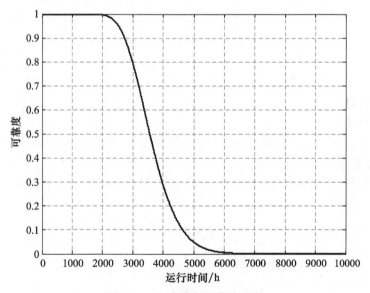

图4-4 缸套磨损可靠度函数

由此得到柴油机缸套可靠寿命评估结果如表4-7所列。

表4-7 缸套可靠寿命

可靠度	0.8	0.9	0.95	0.99
可靠寿命/h	2992	2732	2536	2208

以缸套可靠寿命为依据,可制定相应的检修和更换周期。大约每隔2000h需进行一次检修和更换。

4.4 基于疲劳裂纹扩展机理的燃烧室检测和更换周期确定方法研究

4.4.1 基于热疲劳裂纹扩展的寿命建模

燃烧室在工作环境中,承受持续不断的冷热交替冲击损伤,并且造成系统损伤的冲击的到来是鱼贯而至,而不是蜂拥到来。根据这类引起系统损伤的冲击到达的机理,可以假设系统在其工作环境中造成损伤的冲击的到来是遵循参数为 λ 的泊松过程 $\{N(t),t\geq 0\}$,即 $N(t)$ 为在时间 $[0,t]$ 内系统承受冲击的次数;显然,系统每次承受冲击而造成损伤的程度是不同的,是个随机变量,可以假定系统每次承受冲击引起的损伤的程度是随机变量 $\{S_i,i=1,2,\cdots\}$,另外,根据工程实际中冲击源产生冲击的机制,在大多数情况下,可以认为冲击引起系统损伤的程度是独立同分布的;系统损伤 S_k 与冲击到来次数 $N(t)$ 是独立的。显然,在工程实际中持续冲击引起设备系统的损伤程度有某种累积效应,即冲击引起系统的损伤是可叠加的,因此,系统在时刻 t 的损伤应是 $N(t)$ 次冲击造成的损伤 $S_1,S_2,\cdots,S_{N(t)}$ 叠加的结果,即

$$X(t) = \sum_{i=1}^{N(t)} S_i \tag{4-18}$$

上式表明,随机变量 $X(t)$ 是由随机过程 $\{N(t),t\geq 0\}$ 和 $\{S_i,i=1,2,\cdots\}$ 经过复合而成的复合泊松过程。

由此可见,燃烧室在热疲劳和冷热交替冲击下,在圆孔部位出现的裂纹扩展过程,可用复合泊松过程描述。

设 D_f 为失效阈值(裂纹长度),则燃烧室对应的可靠度函数 $R(t)$ 为

$$\begin{aligned} R(t) &= P(X(t) \leq D_f) \\ &= P\left(\sum_{i=1}^{N(t)} S_i \leq D_f\right) \\ &= \sum_{k=1}^{\infty} P\left(\sum_{i=1}^{N(t)} S_i \leq D_f, N(t) = k\right) \\ &= \sum_{k=1}^{\infty} P\left(\sum_{i=1}^{N(t)} S_i \leq D_f \mid N(t) = k\right) \cdot P(N(t) = k) \\ &= \sum_{k=1}^{\infty} P\left(\sum_{i=1}^{N(t)} S_i \leq D_f\right) \cdot P(N(t) = k) \\ &= \sum_{k=1}^{\infty} \Phi\left(\frac{D_f - k\mu}{k\sigma}\right) \frac{(\lambda t)^k}{k!} \mathrm{e}^{-\lambda t} \end{aligned} \tag{4-19}$$

4.4.2 模型参数估计

在燃气轮机试验过程中,每隔一段时间检测燃烧室圆孔部位(18 个圆孔)的裂纹情况,记录裂纹长度数据,如表 4-8 所列。

表 4-8 燃烧室圆孔部位裂纹长度数据　　　　单位:mm

圆孔	$t=0$	$t=200$	$t=600$	$t=1000$	$t=1500$	$t=2000$
A1	0	0	0.010	0.030	0.052	0.053
A2	0	0.005	0.015	0.025	0.029	0.034
A3	0	0	0.012	0.020	0.025	0.035
A4	0	0.003	0.009	0.015	0.028	0.032
A5	0	0.010	0.012	0.019	0.027	0.050
A6	0	0	0.005	0.010	0.019	0.038
A7	0	0.010	0.015	0.025	0.032	0.044
A8	0	0.005	0.015	0.025	0.038	0.045
A9	0	0	0.010	0.016	0.023	0.035
A10	0	0.006	0.012	0.020	0.028	0.040
A11	0	0.005	0.015	0.025	0.029	0.034
A12	0	0.007	0.020	0.030	0.040	0.045
A13	0	0.003	0.013	0.026	0.033	0.042
A14	0	0	0.005	0.015	0.023	0.045
A15	0	0.003	0.010	0.022	0.035	0.046
A16	0	0.008	0.019	0.028	0.039	0.042
A17	0	0	0.010	0.023	0.030	0.039
A18	0	0.003	0.009	0.018	0.025	0.030

根据表 4-8,得到燃烧室圆孔处裂纹长度随试验时间的变化情况,如图 4-5 所示。

裂纹扩展复合泊松过程模型中需要估计的参数为 μ,σ 和 λ。下面采用矩估计-最小二乘法进行参数估计。具体过程是:根据随机变量的特征函数与其各阶矩的关系,得到复合泊松过程的总体矩;通过测量得到的挡板圆孔部位裂纹扩展数据得到各时刻的样本矩;利用矩估计法结合最小二乘拟合得到参数的点估计。参数估计步骤如下:

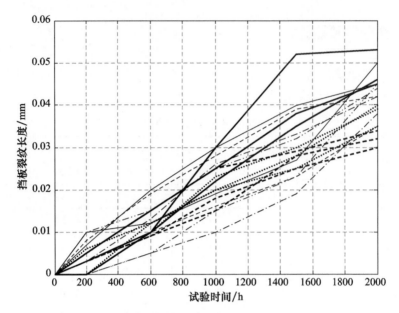

图4-5 燃烧室裂纹扩展趋势(彩图)

Step1 计算复合泊松过程的前三阶总体矩。

根据复合泊松过程的定义,每个随机变量S_k有相同的分布密度,如果已知$N(t)=k$,则$X(t)$是k个随机变量之和。于是,$N(t)$的特征函数为

$$
\begin{aligned}
\phi_X(v,t) &= \sum_{k=0}^{\infty} E[e^{jvX(t)} \mid N(t)=k]P[N(t)=k] \\
&= \sum_{k=0}^{\infty} E[e^{jv\sum_{i=1}^{k}S_i} \mid N(t)=k]P[N(t)=k] \\
&= \sum_{k=0}^{\infty} \{\prod_{i=1}^{k} E[e^{jvS_i}]P[N(t)=K]\} \\
&= \sum_{k=0}^{\infty} [\phi_S(v)]^k \frac{(\lambda t)^k}{k!} e^{-\lambda t} = e^{-\lambda t} \sum_{k=0}^{\infty} \frac{(\lambda t \phi_S(v))^k}{k!} \\
&= e^{-\lambda t} e^{\lambda t \phi_S(v)} = e^{\lambda t[\phi_S(v)-1]}
\end{aligned}
\tag{4-20}
$$

对特征函数求导,得到$X(t)$的前三阶矩:

$$
\begin{aligned}
E[X(t)] &= (-j)\frac{\mathrm{d}}{\mathrm{d}v}\phi_X(v,t)|_{v=0} \\
&= (-j)\left\{\lambda t \frac{\mathrm{d}\phi_S(v)}{\mathrm{d}v} e^{\lambda t[\phi_S(v)-1]}\right\}|_{v=0} = \lambda t E[S]
\end{aligned}
$$

$$E[X^2(t)] = (-j)\frac{\mathrm{d}^2}{\mathrm{d}v^2}\phi_X(v,t)|_{v=0} = (\lambda t)^2[E[S]]^2 + \lambda t E[S^2]$$

$$E[X^3(t)] = (-j)\frac{\mathrm{d}^3}{\mathrm{d}v^3}\phi_X(v,t)|_{v=0}$$

$$= (\lambda t)^3 [E[S]]^3 + (\lambda t + \lambda^2 t^2)E[S]E[S^2] + \lambda t E[S^3] \quad (4-21)$$

而 $S \sim N(\mu, \sigma^2)$，故：

$$E[S] = \mu, E[S^2] = \mu^2 + \sigma^2, E[S^3] = \mu^3 + 2\mu\sigma^2$$

于是有

$$\begin{aligned} E[X^3(t)] &= \lambda^3 \mu^3 t^3 + (3\lambda^2 t^2)\mu(\mu^2 + \sigma^2) + \lambda t(\mu^3 + 3\mu\sigma^2) \\ &= t(\lambda\mu^3 + 3\lambda\mu\sigma^2) + t^2(3\lambda^2\mu^3 + 3\lambda^2\mu\sigma^2) + t^3\lambda^3\mu^3 \end{aligned} \quad (4-22)$$

Step2　计算各检测时刻的三阶样本矩。

对任意 t_j，由测量值 $\{s_{ij}, i=1,2,\cdots,n\}$，得到三阶样本矩：

$$\hat{E}[X^3(t_j)] = \sum_{i=1}^{n} s_{ij}^3 / n \quad (4-23)$$

Step3　根据最小二乘原理，得到样本矩与检测时间的函数关系。

由数据列 $\left\{\left(\dfrac{\hat{E}[X^3(t_j)]}{t_j}, t_j\right), j=1,2,\cdots,m\right\}$，通过二次多项式拟合，得到

$$\frac{\hat{E}[X^3(t)]}{t} = k_1 + k_2 t + k_3 t^2 \quad (4-24)$$

式中：k_1, k_2, k_3 为最小二乘拟合得到的多项式系数。

Step4　由矩估计原理，令总体矩 = 样本矩，得到关于待估参数的方程组。

根据矩估计原理，得到如下非线性方程组：

$$\begin{cases} \lambda\mu^3 + 3\lambda\mu\sigma^2 = k_1 \\ 3\lambda^2\mu^3 + 3\lambda^2\mu\sigma^2 = k_2 \\ \lambda^3\mu^3 = k_3 \end{cases} \quad (4-25)$$

解方程组得到 λ, μ, σ 的估计值 $\hat{\lambda}, \hat{\mu}, \hat{\sigma}$。

在上述试验数据的基础上，根据挡板裂纹数据，得到裂纹扩展 – 复合泊松过程模型参数估计结果，如表 4 – 9 所列。

表 4 – 9　裂纹扩展 – 复合泊松过程模型参数

参数	λ	μ	σ
估计值	0.006221	1.6902×10^{-5}	1.1141×10^{-5}

下面对燃烧室因裂纹扩展失效决定的可靠度进行分析。

4.4.3　燃烧室可靠性分析及检测周期确定

根据挡板设计要求，设定裂纹扩展极限值为 $D_f = 0.08$，将参数估计结果代入复合泊松过程可靠度函数，有

$$R(t) = \sum_{k=1}^{\infty} \Phi\left(\frac{D_f - k\mu}{k\sigma}\right) \frac{(\lambda t)^k}{k!} e^{-\lambda t} \quad (4-26)$$

由此得到燃烧室裂纹扩展失效决定的可靠度函数,如图 4-6 所示。

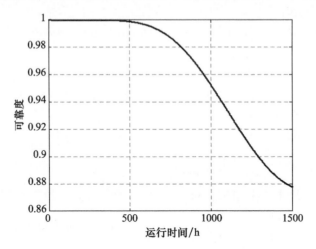

图 4-6 燃烧室裂纹扩展失效决定的可靠度函数

由此得到燃烧室因裂纹扩展失效决定的可靠寿命评估结果如表 4-10 所列。

表 4-10 燃烧室裂纹失效决定的可靠寿命　　　单位:h

可靠度	0.9	0.95	0.99
可靠寿命	1290	1013	717

以燃烧室 0.95 可靠寿命为依据,可制定相应的检修和更换周期。大约每隔 1000h 需进行一次检修和更换。

4.5 基于油液分析的柴油机机油性能可靠性评估和更换周期预测

通过对机油的光谱跟踪检测分析,建立基于光谱分析的柴油机工作状态监测故障诊断数学模型。通过试验数据分析和更换机油的光谱检测分析相结合,根据磨损特征元素确定基于油液检测光谱分析故障诊断的特征参数(如闪点、运动黏度等),并结合趋势图分析,对试验样机可靠性试验过程中的磨损状态进行判别。并以此为依据,确定油液的性能可靠度,为柴油机在使用中的机油更换策略提供决策依据。

4.5.1 油液监测关键性能参数

油液监测关键性能参数如表 4-11 所列。

表4–11 关键参数表

序号	参数名	退化趋势	物理含义	失效阈值
1	闪点	越来越小	表示油液变质	≥225
2	运动黏度	越来越小	表示油液变质	≥12

4.5.2 油液分析原始数据

油液分析原始数据如表4–12所列。

表4–12 油液分析原始数据

试验阶段	闪点(开口)/℃	运动黏度(100℃)/(mm²/s)	备注
第1循环	250	14.27	新油
第10循环	250	14.27	—
第20循环	245	14.95	新油
第30循环	245	14.95	—
第40循环	250	14.7	新油
第50循环	249	14.65	—
第60循环	252	14.3	新油
第70循环	253	14.2	—
第80循环	230	14.41	新油
第90循环	232	14.41	新油
第100循环	231	14.31	—
第110循环	231	14.4	新油
第120循环	231	14.28	—
第130循环	250	14.42	新油
第140循环	238	13.21	—

每次换新油,看作一个新的样品,重新整理后,得到数据如表4–13所列,其退化趋势如图4–7和图4–8所示。

表4–13 油液分析样品数据

试验阶段	闪点数据	运动黏度数据
1~10	250,250	14.27,14.27
20~30	245,245	14.95,14.95
40~50	250,249	14.7,14.65
60~70	252,253	14.3,14.2
80	230	14.41
90~100	232,231	14.41,14.31
110~120	231,231	14.4,14.28
130~140	250,238	14.42,13.21

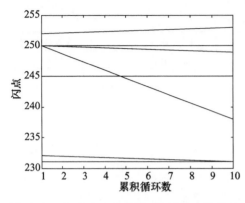

图4-7 某型柴油机机油闪点性能退化趋势　　图4-8 某型油液黏度性能退化趋势

4.5.3 基于维纳过程的油液性能退化建模及可靠性评估

4.5.3.1 维纳过程的定义

如果一元连续时间随机过程$\{X(t),t\geq 0\}$满足如下的性质：

(1)时刻t到时刻$t+\Delta t$之间的增量服从正态分布，即$\Delta X = X(t+\Delta t) - X(t) \sim N(\mu\Delta t, \sigma^2\Delta t)$；

(2)对任意两个不相交的时间区间$[t_1,t_2]$，$[t_3,t_4]$($t_1 < t_2 \leq t_3 < t_4$)，增量$X(t_4) - X(t_3)$与$X(t_2) - X(t_1)$相互独立；

(3)$X(0)=0$并且$X(t)$在$t=0$连续。

则称$X(t)$为一元维纳过程，称其参数μ为漂移参数，σ为扩散参数。如果$W(t)$为标准布朗运动，$E[W(t)]=0$，$E[W(t_1)W(t_2)]=\min(t_1,t_2)$，通常可以将$X(t)$记为如下的形式：

$$X(t) = \mu t + \sigma W(t) \qquad (4-27)$$

因而$X(t)$也称为带线性漂移的布朗运动。其中，μ为漂移系数，σ为扩散系数。

布朗运动(漂移参数为0的一元维纳过程)最早由R. Brown在研究微粒在液体表面无规则运行时提出，其中微粒在任意一段时间内的位移是由于液体分子的碰撞造成的。由于碰撞次数很大，由中心极限定理可认为其位移服从正态分布。同样，如果产品在时刻t到$t+\Delta t$之内的性能退化ΔX是许多相互独立同分布的随机微小性能损失量ξ_i之和，即$\Delta X = \sum_{i=1}^{n} \xi_i$，并且这些微小损失量的数目$n$与$\Delta t$称正比，则$\Delta X$服从正态分布。由一元维纳的定义可知，此时产品的性能退化过程是一元维纳过程，即如果产品的性能退化是由很多微小损失量所造成的均匀而平缓的退化过程，则可以考虑采用一元维纳过程建模。

4.5.3.2 一元维纳过程退化失效产品的寿命分布

如果产品的性能退化过程服从一元维纳过程,且失效阈值为 $l(l>0)$,产品的寿命 T 是性能退化量首次达到失效阈值的时间,即

$$T = \inf\{t \mid X(t) = l, t \geqslant 0\} \quad (4-28)$$

需要注意的是,对于一元维纳过程而言,其漂移参数 μ 可以是任意实数;然而采用其对产品的性能退化过程建模时,由于产品最终都会失效,为了保证 $X(t)$ 最终一定能够到达失效阈值 l,要求漂移参数 $\mu>0$。

由此可推导得到寿命 T 的分布为逆高斯分布,T 的分布函数和概率密度函数分别为

$$F(t) = \Phi\left(\frac{\mu t - l}{\sigma \sqrt{t}}\right) + \exp\left(\frac{2\mu l}{\sigma^2}\right)\Phi\left(\frac{-l - \mu t}{\sigma \sqrt{t}}\right) \quad (4-29)$$

$$f(t) = \frac{l}{\sqrt{2\pi\sigma^2 t^3}}\exp\left[-\frac{(l-\mu t)^2}{2\sigma^2 t}\right] \quad (4-30)$$

假设共有 n 个样品进行性能退化试验。对样品 i,初始时刻 t_{i0} 性能退化量为 $X_{i0}=0$,在时刻 $t_{i1},\cdots,t_{im_i}$ 测量产品的性能退化量,得到其测量值为 $X_{i1},\cdots,X_{im_i}$。记 $\Delta x_{ij} = X_{ij} - X_{i(j-1)}$ 是产品 i 在时刻 $t_{i(j-1)}$,t_{ij} 之间的性能退化量,由维纳过程的性质,有

$$\Delta x_{ij} \sim N(\mu \Delta t_{ij}, \sigma^2 \Delta t_{ij})$$

$$\Delta t_{ij} = t_{ij} - t_{i(j-1)} \quad (i=1,2,\cdots,n; j=1,2,\cdots,m_i)$$

由性能退化数据得到的似然函数为

$$L(\mu,\sigma^2) = \prod_{i=1}^{n}\prod_{j=1}^{m_i}\frac{1}{\sqrt{2\sigma^2 \pi \Delta t_{ij}}}\exp\left[-\frac{(\Delta x_{ij} - \mu \Delta t_{ij})^2}{2\sigma^2 \Delta t_{ij}}\right] \quad (4-31)$$

由此可以直接求得参数 μ,σ^2 的极大似然估计为

$$\hat{\mu} = \frac{\sum_{i=1}^{n} X_{im_i}}{\sum_{i=1}^{n} t_{im_i}}, \hat{\sigma}^2 = \frac{1}{\sum_{i=1}^{n} m_i}\left[\sum_{i=1}^{n}\sum_{j=1}^{m_i}\frac{(\Delta x_{ij})^2}{\Delta t_{ij}} - \frac{\left(\sum_{i=1}^{n} X_{im_i}\right)^2}{\sum_{i=1}^{n} t_{im_i}}\right] \quad (4-32)$$

由 $\hat{\mu},\hat{\sigma}^2$ 得到任务时间 t 的可靠度点估计为

$$R(t) = 1 - F(t;\hat{\mu},\hat{\sigma}) = \Phi\left(\frac{l-\hat{\mu}t}{\hat{\sigma}\sqrt{t}}\right) - \exp\left(\frac{2\hat{\mu}l}{\hat{\sigma}^2}\right)\Phi\left(\frac{-l-\hat{\mu}t}{\hat{\sigma}\sqrt{t}}\right) \quad (4-33)$$

4.5.3.3 油液性能退化维纳模型参数估计及可靠性评估

利用维纳随机过程对油液闪点数据和黏度数据进行退化建模与分析,得到参数估计结果如表 4-14 所列。

表4-14 油液性能退化维纳模型参数估计

油液性能参数	μ	σ	失效阈值 l
闪点	1.6250	4.2405	25
黏度	0.1975	0.4121	2.27

将上述参数估计值 μ,σ 以及失效阈值 l 代入可靠度函数,即可得到油液闪点性能可靠度函数和油液黏度性能可靠度函数为

$$R_{sd}(t) = \Phi\left(\frac{25 - 1.625 \cdot t/80}{4.2405\sqrt{t/80}}\right) - 91.6931 \cdot \Phi\left(\frac{-25 - 1.625 \cdot t/80}{4.2405\sqrt{t/80}}\right)$$

$$R_{nd}(t) = \Phi\left(\frac{2.27 - 0.1975 \cdot t/80}{0.4121\sqrt{t/80}}\right) - 196.33 \cdot \Phi\left(\frac{-2.27 - 0.1975 \cdot t/80}{0.4121\sqrt{t/80}}\right)$$

油液性能可靠度函数曲线如图4-9所示,油液性能可靠度评估结果如表4-15所列。

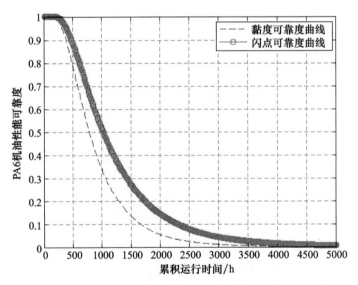

图4-9 某型机油性能可靠度函数

表4-15 机油性能可靠度评估结果

机油性能参数	可靠度			可靠寿命/h			MTBF/h
	$R(100)$	$R(200)$	$R(300)$	$T_{0.9}$	$T_{0.8}$	$T_{0.7}$	
闪点	0.9^4	0.9984	0.9823	460	600	730	1222
黏度	0.9^4	0.9946	0.9565	370	470	570	914

4.5.4 基于寿命折合系数的机油最佳更换策略

上述机油性能可靠性评估的结论是根据 1000h 考核试验数据得到的，由于 1000h 考核试验时的载荷谱，与柴油机实际工作时的载荷谱相比，更加严苛，因此，需首先在上述可靠性评估的基础上，结合试验和工作两种条件下的工况差异，确定寿命加严系数；然后根据寿命加严系数折算可靠寿命；在此基础上，确定机油的最佳更换周期。

柴油机在 85% 工况下的大修期为 32000h；在最严工况下的大修期为 8000h，以此为依据确定寿命加严系数为 4。因此，油液在 1000 考核试验中的可靠寿命 T_R（考核试验）与实际工作中的可靠寿命 T_R（实际工作）也应满足 4 倍的关系，即

$$T_R(实际工作) = 4 \times T_R(考核试验) \tag{4-34}$$

于是，在实际工作中，若以 0.9 可靠寿命为标准，机油的最佳更换周期为 $35 \times 4 = 140h$；若以 0.8 可靠寿命为标准，机油的最佳更换周期为 $48 \times 4 = 192h$；若以 0.7 可靠寿命为标准，机油的最佳更换周期为 $58 \times 4 = 232h$。

4.6 基于关键热力性能退化的柴油机可靠性评估和寿命预测

柴油机的工作状态和工作能力可以通过其性能参数来反映。为了全面客观记录可靠性试验过程中柴油机的工作状态，按照试验大纲的要求每隔一段时间就完整记录一遍功率等柴油机参数的大小，通过分析研究这些测量参数的变化规律，可用于评估柴油机的可靠性水平，发现系统的薄弱环节，为下一步改进提高提供参考。

4.6.1 考核试验中热力性能参数数据变化趋势分析

在试验中记录的参数包括转速、环境温度、功率、燃油耗量、燃油消耗率、齿条位置、爆炸压力、燃气（排气温度、废气涡轮进口压力、废气涡轮进口温度、废气涡轮出口温度）、滑油（泵出口压力、柴油机进口压力、泵出口温度、柴油机进口温度、增压器滑油压力）、淡水（柴油机进口压力、柴油机进口温度、柴油机出口温度）、海水（海水泵出口压力、海水泵出口温度、空冷器出口海水温度、滑油冷却器出口海水温度、淡水冷却器进口温度、淡水冷却器出口温度）、空气（空冷器进口温度、空冷气出口温度、空冷气进口压力、空冷气出口压力）、增压器转速、曲柄箱压力、燃油总管压力、主轴承温度（9 挡）、CCOT 传感器温度（8 个部位）、油雾浓度、油雾温度。

在 100%、110%、85%、0%、50% 等各种工况下，重点关注与柴油机工况和工

作状态相关的气缸排温一致性、机油温升、爆压突然上升、主轴和 CCOT 传感器温升趋势等问题。

4.6.1.1 气缸排温一致性分析

气缸排温最大温差变化趋势如图 4-10 所示。

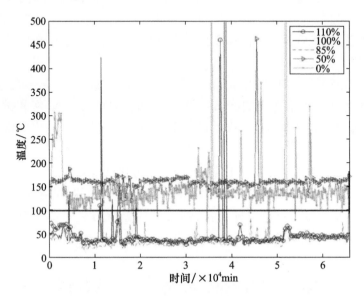

图 4-10 气缸排温最大温差变化趋势图

气缸平均排气温度变化趋势如图 4-11 所示。

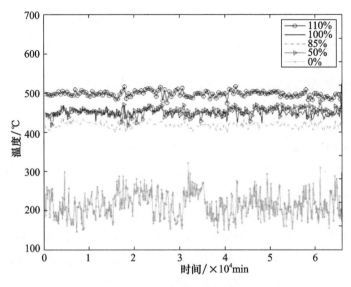

图 4-11 气缸平均排气温度变化趋势图

柴油机设计要求为：在各种工况下，各气缸排温的差异不得高于100℃。由图4-10可见，柴油机在110%、100%和85%工况下工作时，排温差异均满足要求；在50%和0%工况下工作时，排温一致性不满足要求，且50%工况下的温差高于0%工况下的温差。

从图4-11可见，16个气缸的排气温度在各种工况下均呈现缓慢下降的趋势，并未出现明显温度上升趋势，温度上升表示柴油机在摩擦和热应力下性能出现退化。未出现温升趋势的原因可能是由于柴油机的零部件在1000h的可靠性试验中尚未完全结束磨合期，还处于早期失效期，因此产品性能状态越来越好。可以预见，随着运行时间的延长，当柴油机进入平稳运行期和耗损失效期后，产品性能状态才会出现较为显著的退化趋势。

4.6.1.2 机油温升趋势分析

滑油进口温度变化趋势如图4-12所示。

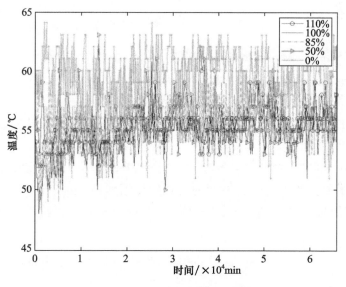

图4-12 滑油进口温度变化趋势图

滑油在各工况下呈现缓慢上升趋势，表示柴油机随运行时间的延长，磨损逐渐加剧。

4.6.1.3 爆压尖峰图形分析

在柴油机正常工作状态下，爆炸压力一般处于变化非常平稳，不会出现突然增大或突然减小的现象，但从图4-13可见，在50%工况下，平均爆炸压力图中出现了三角形尖峰，对这一现象进行原因分析如下：在26-51循环中出现爆压增大，是由于水力测功机阀门控制拉杆失灵，不能按照柴油机预定的功率进行设定，导致柴油机在 50% 负荷时实际功率增大，爆压也随之出现不预定值偏大。

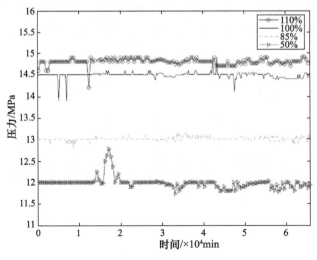

图 4-13 平均爆炸压力图

4.6.1.4 主轴和 CCOT 传感器温升问题

对于柴油机这种连续运转的机械产品，磨损是其主要失效机理，这种磨损会表现为主轴承温度升高和 CCOT（监测滑油温度）升高，如图 4-14 所示。因此，下文选取 CCOT 温度和主轴承温度作为柴油机退化失效分析的关键参数，进行可靠性分析和寿命预测。

从图 4-14 可见，主轴温度和 CCOT 温度均有缓慢上升的趋势。这种上升表征了柴油机的磨损程度随运行时间的延长而逐渐加剧。对于这类存在微弱退化趋势和波动特性的性能参数，考虑采用维纳(Wiener)随机过程进行建模和可靠性评估。

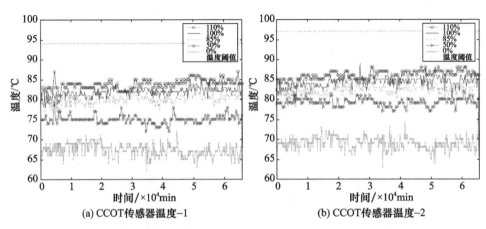

(a) CCOT传感器温度-1　　　　　　(b) CCOT传感器温度-2

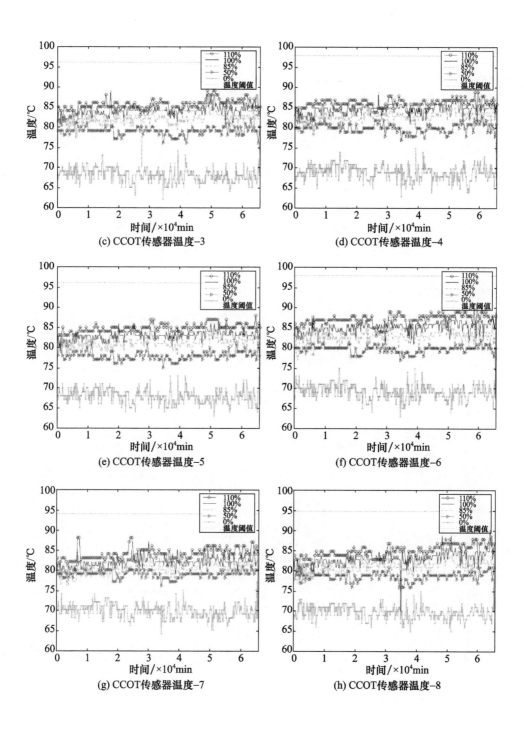

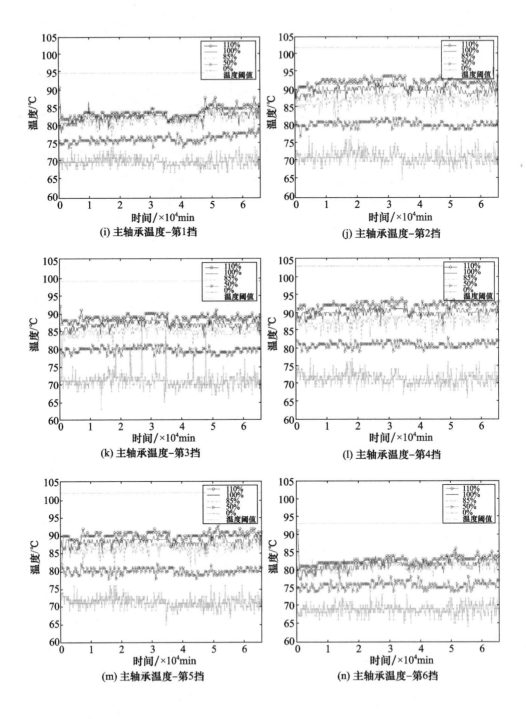

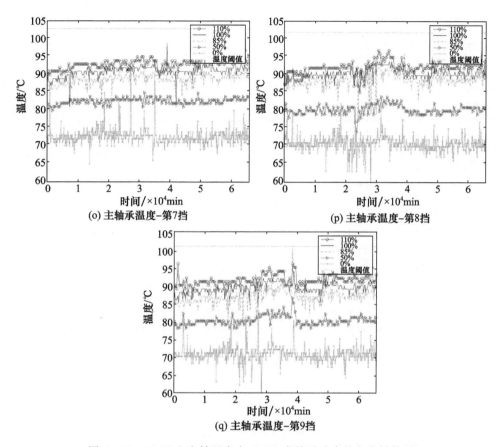

图4-14 CCOT和主轴温度在1000h考核试验中的变化趋势图

4.6.2 基于主轴和CCOT温度参数的性能退化建模和柴油机可靠性评估

4.6.2.1 数据预处理

由于柴油机进行140个循环的考核试验时,采用的方式为变工况测试,因此,需首先对表征柴油机磨损的主要热力参数CCOT传感器温度和主轴承温度进行预处理,得到各关键参数在每个循环内各种工况下的实际退化量数据。

为消除测量误差,首先根据原始数据,先将每10个循环的性能参数测试值取一次平均值,再进行退化分析与建模。参数设置如表4-16所列。

表4-16 数据预处理参数设置

	工况	100%	85%	0	100%	0	50%	0	85%	110%
	试验时间/min	160	60	10	120	10	30	10	10	60
已知	初值	$x_{100-1}^{(0)}$	$x_{85-1}^{(0)}$	$x_{0-1}^{(0)}$	$x_{100-2}^{(0)}$	$x_{0-2}^{(0)}$	$x_{50}^{(0)}$	$x_{0-3}^{(0)}$	$x_{85-2}^{(0)}$	$x_{110}^{(0)}$
已知	第i个循环中第k段工况下测试值	$y_{100-1}^{(i)}$	$y_{85-1}^{(i)}$	$y_{0-1}^{(i)}$ $=y_3^{(i)}$	$y_{100-2}^{(i)}$ $=y_4^{(i)}$	$y_{0-2}^{(i)}$ $=y_5^{(i)}$	$y_{50}^{(i)}$ $=y_6^{(i)}$	$y_{0-3}^{(i)}$ $=y_7^{(i)}$	$y_{85-2}^{(i)}$ $=y_8^{(i)}$	$y_{110}^{(i)}$ $=y_9^{(i)}$
未知	第i个循环中产生的退化增量	$\Delta x_{100-1}^{(i)}$	$\Delta x_{85-1}^{(i)}$	$\Delta x_{0-1}^{(i)}$	$\Delta x_{100-2}^{(i)}$	$\Delta x_{0-2}^{(i)}$	$\Delta x_{50}^{(i)}$	$\Delta x_{0-3}^{(i)}$	$\Delta x_{85-2}^{(i)}$	$\Delta x_{110}^{(i)}$
已知	第i个循环累积退化增量	z_i			\multicolumn{7}{l}{$z_i = \Delta x_{100-1}^{(i)} + \Delta x_{85-1}^{(i)} + \Delta x_{0-1}^{(i)} + \Delta x_{100-2}^{(i)} + \Delta x_{0-2}^{(i)} + \Delta x_{50}^{(i)} + \Delta x_{0-3}^{(i)} + \Delta x_{85-2}^{(i)} + \Delta x_{110}^{(i)}$}						

根据性能参数测量值与性能参数退化量之间的关系,可得到如下方程组:

$$\begin{cases} y_{100-1}^{(i)} = x_{100-1}^{(0)} + \sum_{j=1}^{i-1} z_j + \Delta x_{100-1}^{(i)} \\ y_{85-1}^{(i)} = x_{85-1}^{(0)} + \sum_{j=1}^{i-1} z_j + \Delta x_{100-1}^{(i)} + \Delta x_{85-1}^{(i)} \\ y_{0-1}^{(i)} = x_{0-1}^{(0)} + \sum_{j=1}^{i-1} z_j + \Delta x_{100-1}^{(i)} + \Delta x_{85-1}^{(i)} + \Delta x_{0-1}^{(i)} \\ y_{100-2}^{(i)} = x_{100-2}^{(0)} + \sum_{j=1}^{i-1} z_j + \Delta x_{100-1}^{(i)} + \Delta x_{85-1}^{(i)} + \Delta x_{0-1}^{(i)} + \Delta x_{100-2}^{(i)} \\ y_{0-2}^{(i)} = x_{0-2}^{(0)} + \sum_{j=1}^{i-1} z_j + \Delta x_{100-1}^{(i)} + \Delta x_{85-1}^{(i)} + \Delta x_{0-1}^{(i)} + \Delta x_{100-2}^{(i)} + \Delta x_{0-2}^{(i)} \\ y_{50}^{(i)} = x_{50}^{(0)} + \sum_{j=1}^{i-1} z_j + \Delta x_{100-1}^{(i)} + \Delta x_{85-1}^{(i)} + \Delta x_{0-1}^{(i)} + \Delta x_{100-2}^{(i)} + \Delta x_{0-2}^{(i)} + \Delta x_{50}^{(i)} \\ y_{0-3}^{(i)} = x_{0-3}^{(0)} + \sum_{j=1}^{i-1} z_j + \Delta x_{100-1}^{(i)} + \Delta x_{85-1}^{(i)} + \Delta x_{0-1}^{(i)} + \Delta x_{100-2}^{(i)} + \Delta x_{0-2}^{(i)} + \Delta x_{50}^{(i)} + \Delta x_{0-3}^{(i)} \\ y_{85-2}^{(i)} = x_{85-2}^{(0)} + \sum_{j=1}^{i-1} z_j + \Delta x_{100-1}^{(i)} + \Delta x_{85-1}^{(i)} + \Delta x_{0-1}^{(i)} + \Delta x_{100-2}^{(i)} + \Delta x_{0-2}^{(i)} + \Delta x_{50}^{(i)} + \Delta x_{0-3}^{(i)} + \Delta x_{85-2}^{(i)} \\ y_{110}^{(i)} = x_{110}^{(0)} + \sum_{j=1}^{i-1} z_j + \Delta x_{100-1}^{(i)} + \Delta x_{85-1}^{(i)} + \Delta x_{0-1}^{(i)} + \Delta x_{100-2}^{(i)} + \Delta x_{0-2}^{(i)} + \Delta x_{50}^{(i)} + \Delta x_{0-3}^{(i)} + \Delta x_{85-2}^{(i)} + \Delta x_{110}^{(i)} \end{cases}$$

通过该方程组,求解变量 $\Delta x_{100-1}^{(i)}, \Delta x_{85-1}^{(i)}, \Delta x_{0-1}^{(i)}, \Delta x_{100-2}^{(i)}, \Delta x_{0-2}^{(i)}, \Delta x_{50}^{(i)}$, $\Delta x_{0-3}^{(i)}, \Delta x_{85-2}^{(i)}, \Delta x_{110}^{(i)}$ 的取值,$i=1,2,\cdots,14$,即

$$\begin{cases}
\Delta x_{100-1}^{(i)} = y_{100-1}^{(i)} - \left(x_{100-1}^{(0)} + \sum_{j=1}^{i-1} z_j \right) \\
\Delta x_{85-1}^{(i)} = y_{85-1}^{(i)} - \left(x_{85-1}^{(0)} + \sum_{j=1}^{i-1} z_j + \Delta x_{100-1}^{(i)} \right) \\
\Delta x_{0-1}^{(i)} = y_{0-1}^{(i)} - \left(x_{0-1}^{(0)} + \sum_{j=1}^{i-1} z_j + \Delta x_{100-1}^{(i)} + \Delta x_{85-1}^{(i)} \right) \\
\Delta x_{100-2}^{(i)} = y_{100-2}^{(i)} - \left(x_{100-2}^{(0)} + \sum_{j=1}^{i-1} z_j + \Delta x_{100-1}^{(i)} + \Delta x_{85-1}^{(i)} + \Delta x_{0-1}^{(i)} \right) \\
\Delta x_{0-2}^{(i)} = y_{0-2}^{(i)} - \left(x_{0-2}^{(0)} + \sum_{j=1}^{i-1} z_j + \Delta x_{100-1}^{(i)} + \Delta x_{85-1}^{(i)} + \Delta x_{0-1}^{(i)} + \Delta x_{100-2}^{(i)} \right) \\
\Delta x_{50}^{(i)} = y_{50}^{(i)} - \left(x_{50}^{(0)} + \sum_{j=1}^{i-1} z_j + \Delta x_{100-1}^{(i)} + \Delta x_{85-1}^{(i)} + \Delta x_{0-1}^{(i)} + \Delta x_{100-2}^{(i)} + \Delta x_{0-2}^{(i)} \right) \\
\Delta x_{0-3}^{(i)} = y_{0-3}^{(i)} - \left(x_{0-3}^{(0)} + \sum_{j=1}^{i-1} z_j + \Delta x_{100-1}^{(i)} + \Delta x_{85-1}^{(i)} + \Delta x_{0-1}^{(i)} + \Delta x_{100-2}^{(i)} + \Delta x_{0-2}^{(i)} + \Delta x_{50}^{(i)} \right) \\
\Delta x_{85-2}^{(i)} = y_{85-2}^{(i)} - \left(x_{85-2}^{(0)} + \sum_{j=1}^{i-1} z_j + \Delta x_{100-1}^{(i)} + \Delta x_{85-1}^{(i)} + \Delta x_{0-1}^{(i)} + \Delta x_{100-2}^{(i)} + \Delta x_{0-2}^{(i)} + \Delta x_{50}^{(i)} + \Delta x_{0-3}^{(i)} \right) \\
\Delta x_{110}^{(i)} = y_{110}^{(i)} - \left(x_{110}^{(0)} + \sum_{j=1}^{i-1} z_j + \Delta x_{100-1}^{(i)} + \Delta x_{85-1}^{(i)} + \Delta x_{0-1}^{(i)} + \Delta x_{100-2}^{(i)} + \Delta x_{0-2}^{(i)} + \Delta x_{50}^{(i)} + \Delta x_{0-3}^{(i)} + \Delta x_{85-2}^{(i)} \right)
\end{cases}$$

根据主轴9挡温度求平均后的测试值,得到主轴各挡温度在每个循环中各工况下的退化增量数据,列于表4-17~表4-21。CCOT传感器各挡温度在每个循环中各工况下的退化增量数据,列于表4-22~表4-26。主轴和CCOT传感器各挡温度在[10(i-1)~10×i]个循环中的累积退化增量见表4-27和表4-28。

表4-17　100%工况下主轴各挡温度在各个循环中的退化增量数据

$\Delta x_{100-1}^{(i)}$	第1挡	第2挡	第3挡	第4挡	第5挡	第6挡	第7挡	第8挡	第9挡
$i=1$	0	0	0	0	0	0	0	0	0
$i=2$	1	1.2	1	0.5	0.4	1.1	1.2	1	0.8
$i=3$	0.8	0.6	0.5	0.7	0.4	0.5	1	0.7	0.8
$i=4$	-0.4	0	0.1	-0.1	0	0.2	-0.2	0	-0.1
$i=5$	1	0.7	0.8	0.6	0.6	0.8	1	0.5	0.9
$i=6$	0.5	0.5	0.5	0	0.8	0.5	0.1	0.7	-0.6
$i=7$	0.4	0.5	0.3	1.1	0	0.3	0.8	1.5	1.6
$i=8$	-0.9	-0.6	-0.9	-0.7	-0.7	-0.5	-0.5	0	0.9
$i=9$	-0.1	-0.2	-0.2	-0.4	-0.3	0.1	0.2	-1.4	-0.8
$i=10$	-0.2	-0.1	-0.3	-0.4	-0.3	-0.3	-0.9	-1.1	-1.5
$i=11$	1.8	-0.2	0.6	1.4	1.2	1.2	1.5	1.4	1.4
$i=12$	-0.2	-0.5	-0.3	-0.6	-0.4	-0.6	-1.7	-0.6	-0.3
$i=13$	-0.6	-0.4	-0.5	-0.3	-0.4	-0.4	0.5	-0.3	-0.5
$i=14$	0.8	1.1	1	0.9	0.9	1.2	1.1	1.1	1

$\Delta x_{100-2}^{(i)}$	第1挡	第2挡	第3挡	第4挡	第5挡	第6挡	第7挡	第8挡	第9挡
$i=1$	0	0	0	0	0	0	0	0	0
$i=2$	0.7	0.8	0.8	0.6	0.5	1.3	-0.2	1	0.4
$i=3$	0.9	0.8	1.2	0.9	0.5	0.1	1.1	1	0.4
$i=4$	-0.1	-0.3	-0.3	-0.8	-0.5	-0.3	-0.3	0.4	0
$i=5$	0.9	0.6	1.2	0.7	0.8	1.2	1.5	2.3	1.9
$i=6$	1.4	1.8	0.3	0	-0.3	-0.4	0.4	-0.5	-1.8
$i=7$	2.3	2.7	2.5	2.6	1.7	1.6	2.6	3.2	2.1
$i=8$	1.7	2.3	2.2	2.3	2	1.2	2.7	2.9	2.1
$i=9$	1.4	2.1	1.7	1.6	1.2	0.8	1	-0.25	2.5
$i=10$	1.1	1	2.4	1.1	1	1.1	1.5	2.2	1.3
$i=11$	3.5	1.4	-0.7	-0.8	-0.8	-0.5	-0.5	-0.8	-0.9
$i=12$	3.4	2.5	2.4	3.2	2.7	2	3.3	3	2.5
$i=13$	1.9	0.8	1.4	1.7	1.5	1.2	2.1	1.8	1.4
$i=14$	3.4	2.6	2.9	3.3	3	3.6	3.7	3.3	3.1

表4-18 85%工况下主轴各挡温度在各个循环中的退化增量数据

$\Delta x_{85-1}^{(i)}$	第1挡	第2挡	第3挡	第4挡	第5挡	第6挡	第7挡	第8挡	第9挡
$i=1$	0	0	0	0	0	0	0	0	0
$i=2$	-0.6	-0.2	-0.9	-0.5	-0.5	-0.1	-0.2	-0.2	-1
$i=3$	-0.7	0	-0.3	-0.2	0	-0.8	-0.2	0.2	-0.8
$i=4$	-0.4	0.1	-0.7	-0.3	-0.2	-1.1	-0.2	0.1	-0.7
$i=5$	-0.8	0.3	-0.6	-0.1	0	-0.9	-0.3	0.1	-0.7
$i=6$	-1.3	-0.3	-2.3	-1.9	-2.4	-2.6	-1.8	-4.4	-1.7
$i=7$	-1.3	-0.1	-0.7	-0.4	-0.5	-1.1	-0.4	-2.3	0
$i=8$	-0.9	-0.3	-0.3	-0.3	-0.1	-1.2	-0.5	-0.1	-1
$i=9$	-1.6	-0.9	-1.2	-0.8	-1.1	-2	-1.7	-0.9	-1.6
$i=10$	-0.8	-0.3	-0.5	-0.2	-0.2	-1.2	-0.5	0	-0.8
$i=11$	-1.9	-1.5	-2	-2.4	-1.9	-2	-2.4	-2.2	-2.8
$i=12$	-1	-0.3	-1.2	-0.4	-0.5	-1.3	0.4	-0.6	-1.4
$i=13$	-1	0.4	-0.3	0.1	0.1	-0.8	-0.1	-0.3	-0.9
$i=14$	-1	-0.5	-1.1	-0.8	-0.7	-1.5	-0.6	-0.6	-1.4

续表

$\Delta x_{85-2}^{(i)}$	第1挡	第2挡	第3挡	第4挡	第5挡	第6挡	第7挡	第8挡	第9挡
$i=1$	0	0	0	0	0	0	0	0	0
$i=2$	1.3	2	2.1	2	1.3	2.5	2.7	2	3.3
$i=3$	0.9	1.6	1.7	1.8	1.8	1.7	2.1	2.2	3.4
$i=4$	0	0.5	0.7	0.6	0.4	0.7	0.4	1.1	2.2
$i=5$	1	1	0.5	0.7	0.9	1.2	1	2.8	2.2
$i=6$	1.9	2.2	2.2	2.20	2	2.1	2.1	3.5	4.4
$i=7$	2	2.5	2.3	2.6	2.3	2.7	2.4	3.2	3.90
$i=8$	1.5	1.7	1.7	2.3	2	1.3	1.9	2	3.5
$i=9$	2.4	2.7	2.7	2.7	2.7	2.7	2.3	4.1	4.1
$i=10$	1.8	1	1.6	1.6	0.6	2.7	1.6	1.5	2.5
$i=11$	2.6	1.8	1.6	2.2	1.9	1.7	2.2	2.2	3.7
$i=12$	2.9	2.4	1.8	3.2	2.6	2.1	3.1	3	5
$i=13$	2.7	2.2	2.5	3.2	2.5	2	3	3	3.9
$i=14$	3.3	3.1	0.9	2.9	2.4	2	2.4	2.1	3.5

表4-19 50%工况下主轴各挡温度在各个循环中的退化增量数据

$\Delta x_{50}^{(i)}$	第1挡	第2挡	第3挡	第4挡	第5挡	第6挡	第7挡	第8挡	第9挡
$i=1$	0	0	0	0	0	0	0	0	0
$i=2$	1.7	2.6	1.9	1.8	2	2.6	2.2	1.8	2.7
$i=3$	1.3	2.1	1.8	2.6	1.7	2.1	2.1	1.6	3
$i=4$	-0.5	-1.3	-0.7	-0.6	-1	0	-0.8	-0.9	0
$i=5$	0.2	0	0.2	1	0.3	1.2	0.6	1.9	1.8
$i=6$	0.1	0.7	0.3	1.40	0.9	2	1.1	-0.3	0.2
$i=7$	1.1	1.7	1.2	2.1	1.5	1.5	1.7	1	3
$i=8$	3.7	3.4	2.5	3.2	3.2	3.2	3.25	3.6	4.3
$i=9$	1.7	2.4	1.5	2.8	2.2	1.5	2.7	2.6	4.8
$i=10$	1	0.5	0.7	0.9	0.7	1.6	1.2	-0.4	2.3
$i=11$	2.4	2.2	3.3	5	3.9	2.7	4.5	4.3	5.4
$i=12$	2.4	0.6	-0.3	1.8	0.9	0.6	1.3	1.2	1.8
$i=13$	1.5	0.2	-0.2	1.4	0.4	0.5	1	0.6	1.9
$i=14$	2.5	2.1	1.5	2.9	2.1	1	2.6	2	3.1

表4-20 110%工况下主轴各挡温度在各个循环中的退化增量数据

$\Delta x_{50}^{(i)}$	第1挡	第2挡	第3挡	第4挡	第5挡	第6挡	第7挡	第8挡	第9挡
$i=1$	0	0	0	0	0	0	0	0	0
$i=2$	-0.3	0.1	0.2	0.3	1.9	-1.4	-0.8	0	-1.5
$i=3$	0.3	1.5	-0.4	1.3	1.8	-0.1	1	0.8	-0.5
$i=4$	0.7	1.4	0.4	1.3	2.3	0.5	1.4	1.4	0
$i=5$	-0.1	1	0.2	1.1	1.9	0	0.9	-1.1	0.4
$i=6$	-0.6	0.5	-0.2	0.6	1.4	0.1	0.6	-2.4	-2.6
$i=7$	-0.1	1.3	0.3	0.8	1.9	0	1	-0.7	-0.2
$i=8$	-1.5	-0.3	-0.8	-0.6	0.3	-1.1	0	0.1	-1.5
$i=9$	-1.5	0.4	-0.5	0.3	1	-1	0.7	0.1	-1.25
$i=10$	-0.9	1.9	0.5	1.3	2.7	0.5	0.4	1.5	0.5
$i=11$	2.2	1	1.9	1.8	2.6	1.5	0.8	1.1	0.6
$i=12$	0	0.6	0.3	0.2	1.5	0.4	1.2	0.5	-0.7
$i=13$	-0.1	0.6	-0.6	0.3	1.5	0.6	0.6	0.7	-0.6
$i=14$	0.2	0.7	1.6	1.5	2.6	1.1	2.1	2.2	0.5

表4-21 0%工况下主轴各挡温度在各个循环中的退化增量数据

$\Delta x_{0-1}^{(i)}$	第1挡	第2挡	第3挡	第4挡	第5挡	第6挡	第7挡	第8挡	第9挡
$i=1$	0	0	0	0	0	0	0	0	0
$i=2$	0.1	-0.7	0	-0.3	-0.1	-0.1	-0.5	-1.6	0.4
$i=3$	-0.2	-1.3	-0.7	-1.1	-0.7	0.9	-1	-2.4	-0.3
$i=4$	0.8	0.2	0.9	0.5	0.8	1.2	0.5	-1.2	0.5
$i=5$	-0.6	-1.4	-0.9	-1.3	-1.2	-0.9	-1.5	-3.3	-1.9
$i=6$	-0.8	-2.1	1.6	1.8	1.8	2.1	1.3	2.7	1
$i=7$	-1.9	-3.5	-2.6	-3.5	-2.3	-1.1	-3	-1.9	-2.2
$i=8$	-1.5	-2.9	-2.2	-3	-2.4	-0.8	-2.8	-4.4	-2.3
$i=9$	-0.9	-2.3	-1.4	-2.1	-1.2	-0.3	-2.1	-0.5	-1.9
$i=10$	-1.1	-2	-1.3	-1.8	-1.5	-0.7	-1.8	-2.9	-1.3
$i=11$	-0.9	0.2	0.8	0.3	0.2	0.3	0.2	-0.9	0.8
$i=12$	-2.7	-2.8	-1.8	-3.4	-2.7	-1.4	-3.2	-4.1	-2.2
$i=13$	-1.4	-1.8	-1.4	-2.4	-1.9	-0.8	-2.3	-3	-1.5
$i=14$	-3.3	-3.3	-2.9	-3.9	-3.2	-3.4	-4	-4.8	-3.3

续表

$\Delta x_{0-2}^{(i)}$	第1挡	第2挡	第3挡	第4挡	第5挡	第6挡	第7挡	第8挡	第9挡
$i=1$	0	0	0	0	0	0	0	0	0
$i=2$	-2.2	-2.6	-2.3	-2.4	-2.1	-3.3	-1.3	-2.8	-2.7
$i=3$	-2.5	-2.3	-2.7	-2.9	-2.2	-3.2	-2.7	-2.5	-3
$i=4$	-0.6	0.1	-0.4	0.1	-0.2	-1.2	-0.2	-0.8	-0.9
$i=5$	-2	-2	-2.5	-2.6	-2.2	-3.2	-2.9	-4.6	-5
$i=6$	-1.2	-1.6	-1.7	-2.1	-1.6	-1.3	-2.1	-2.5	0.1
$i=7$	-2.6	-2.7	-2.6	-2.9	-2.3	-3.2	-2.9	-3.4	-3.6
$i=8$	-3.9	-4	-3.7	-4.4	-3.8	-3.8	-4.15	-4.7	-4.5
$i=9$	-2.4	-3.2	-2.6	-2.9	-2.5	-2.4	-2	-3.05	-3.5
$i=10$	-1.9	-1.6	-3.2	-2.2	-1.9	-3.2	-2.2	-2.1	-3.4
$i=11$	-5.7	-4.3	-2.4	-2.7	-2.2	-3.1	-2.8	-2.6	-3.2
$i=12$	-3.8	-2	-1.7	-3.1	-2.5	-2.8	-3	-2.9	-3
$i=13$	-1.8	-0.5	-0.9	-1.7	-1.3	-2	-1.9	-1.5	-1.8
$i=14$	-2.7	-2.8	-2.5	-3.3	-3	-2.7	-3.5	-3.3	-3.7
$\Delta x_{0-3}^{(i)}$	第1挡	第2挡	第3挡	第4挡	第5挡	第6挡	第7挡	第8挡	第9挡
$i=1$	0	0	0	0	0	0	0	0	0
$i=2$	-1.9	-2.6	-2.3	-1.9	-2.4	-2.8	-3.1	-0.7	-3.5
$i=3$	-1.5	-2.4	-2.4	-2.6	-2.4	-2.2	-2.8	-1.1	-3.6
$i=4$	-0.9	-0.8	-1	-1.2	-1	-1.3	-1	-0.2	-2.5
$i=5$	-0.4	0.1	0.4	0.1	-0.1	-0.5	0	0	-0.3
$i=6$	-2.1	-2.6	-2.4	-2.9	-2.9	-2.9	-2.7	-1.5	-3.4
$i=7$	-1.8	-2.7	-2.1	-2.6	-2.6	-2.6	-2.4	-1	-3.9
$i=8$	-1.6	-1.2	-1.2	-0.8	-1.8	-1.3	-1.6	-0.1	-2.8
$i=9$	-1.9	-2.7	-2.2	-2.8	-2.7	-2.3	-2.8	-2.4	-5.35
$i=10$	-1.2	-1.1	-1.2	-1	-1.2	-1.8	-1.6	0	-2.7
$i=11$	-2.2	-1.5	-3.1	-4.1	-3.7	-2.7	-4.1	-2.6	-5.2
$i=12$	-2.7	-1.5	-1.2	-2.1	-1.9	-1.5	-2.5	-0.8	-3.9
$i=13$	-2.7	-1.7	-1.4	-2.5	-2.2	-2	-2.3	-1.4	-3.7
$i=14$	-3.6	-2.4	-1.9	-3.1	-3	-2.1	-3.2	-1.2	-3.7

表4-22 100%工况下CCOT传感器在各个循环中的退化增量数据

$\Delta x_{100-1}^{(i)}$	CCOT1	CCOT2	CCOT3	CCOT4	CCOT5	CCOT6	CCOT7	CCOT8
$i=1$	0	0	0	0	0	0	0	0
$i=2$	0.9	1	1.2	1.1	1.3	0.6	1	0.9
$i=3$	0.2	0.4	0.5	0.3	0.3	1.1	0.7	0.6
$i=4$	-0.2	0	0.2	-0.2	-0.6	-0.5	-0.6	-0.2
$i=5$	0.7	0.9	0.1	0.7	1	1.2	0.8	0.9
$i=6$	0.7	0.8	0.6	0.7	0.5	0	1.1	0.4
$i=7$	0	-0.4	0.3	-0.4	0	0.1	0.5	0.3
$i=8$	-0.1	-0.1	-0.7	-0.1	-0.4	-0.1	-1.2	-0.6
$i=9$	-0.6	-0.4	-0.3	-0.8	0.1	-0.6	-0.1	-0.1
$i=10$	0.4	0.5	0.7	1.1	0.3	1	0.1	0.6
$i=11$	1.2	-0.1	1.8	0.4	1.2	0.2	1.2	1.3
$i=12$	-0.8	0.1	-1.8	-0.2	-0.9	-0.2	-0.5	-0.8
$i=13$	0.2	-1	-0.5	-0.8	0	-0.6	-0.7	-0.3
$i=14$	0.4	1.9	1.3	1.5	0.3	1.5	1.7	1.8
$\Delta x_{100-2}^{(i)}$	CCOT1	CCOT2	CCOT3	CCOT4	CCOT5	CCOT6	CCOT7	CCOT8
$i=1$	0	0	0	0	0	0	0	0
$i=2$	-0.5	-0.8	0.9	-0.2	0.3	0.8	1.2	0.6
$i=3$	-0.5	-0.6	0.9	-0.3	0.2	0.2	0	0.5
$i=4$	-0.2	-0.7	1	-0.6	-0.1	0.8	0.7	1.4
$i=5$	1.2	1.1	2.8	1.2	2.1	2.5	2.3	2.6
$i=6$	2.8	2.4	4.4	2.5	3.7	4.1	4.5	4.2
$i=7$	1.7	1.1	3.3	1.8	1.8	3.1	3.4	3.5
$i=8$	-0.5	-1	0.6	-1.1	-0.1	0	0.5	0.5
$i=9$	1.7	1.3	2.6	2	2.3	2.1	2.5	3.3
$i=10$	1.8	1.3	2.7	1.6	2.1	2.2	2.2	3.1
$i=11$	2.6	1.7	2.9	1.3	3	3	3.3	4.3
$i=12$	4.4	3.7	4.9	4.4	4	5	5.9	6.1
$i=13$	2.9	0.6	3.5	1.8	2	2.1	3.1	3.5
$i=14$	3.7	2.4	4.3	2.9	3.3	4.1	4.2	5.3

表4-23　85%工况下CCOT传感器在各个循环中的退化增量数据

$\Delta x_{85-1}^{(i)}$	CCOT1	CCOT2	CCOT3	CCOT4	CCOT5	CCOT6	CCOT7	CCOT8
$i=1$	0	0	0	0	0	0	0	0
$i=2$	-0.4	-0.4	-0.3	0	-0.55	-1.9	-0.5	0.5
$i=3$	-0.1	-0.1	-0.1	0.4	-0.6	0.1	-0.6	0
$i=4$	-0.7	0.2	-0.2	0.9	0.1	0.7	0.4	0.8
$i=5$	-0.1	-0.1	-0.4	0.2	-0.5	-0.1	-0.3	0.1
$i=6$	-0.4	-0.1	-0.1	0.2	-0.2	0.6	-0.7	0.7
$i=7$	0.3	0.2	-0.55	0.4	0.2	-0.3	-1.2	0.2
$i=8$	-0.5	-0.4	-0.5	0.2	0.4	-0.7	0.2	0.4
$i=9$	-1	-0.3	-0.9	0.1	-1.2	-0.2	-0.8	-0.6
$i=10$	-0.3	0	-0.6	-0.2	0	-0.4	-0.1	0.1
$i=11$	-1	-0.5	-1.3	-0.4	-0.9	0.2	-0.9	-0.4
$i=12$	-0.3	-0.7	0.1	0.6	-0.5	-0.8	-0.1	-0.4
$i=13$	-0.5	0.5	0.3	1.1	-0.3	0.3	-0.2	0.2
$i=14$	0	-0.4	-0.2	-0.1	0.2	-1.1	0.1	-0.6
$\Delta x_{85-2}^{(i)}$	CCOT1	CCOT2	CCOT3	CCOT4	CCOT5	CCOT6	CCOT7	CCOT8
$i=1$	0	0	0	0	0	0	0	0
$i=2$	0.2	0.3	0.6	0.6	0.5	2	0.6	0.8
$i=3$	0.2	0.4	1.1	0.7	0.6	1.8	0.1	1
$i=4$	-1	-0.9	-0.4	-0.3	-0.2	0.5	-0.2	0
$i=5$	0.1	0	0.9	0.1	0.7	2.1	0.1	0.6
$i=6$	0.1	0.6	1.2	1.3	0.6	2	2	1.5
$i=7$	1.4	1.5	2.4	1.9	1.9	2.8	1.6	2.3
$i=8$	1	0.7	1.4	1.2	1.1	2.8	0.8	2.2
$i=9$	1.2	0.7	1.4	1.1	0.8	2	2.5	1.3
$i=10$	1.5	1.7	2.6	2.4	1.9	2.9	1.9	2.5
$i=11$	3.2	2.3	2.5	3	3.4	3.9	3.3	3.6
$i=12$	1.5	0.7	2.2	1.2	1.6	2.2	2.1	2.5
$i=13$	1.4	0.8	2.1	1.7	0.8	2	2	1.5
$i=14$	2.3	1.6	1.7	2.4	2	2.6	3.5	2.9

表4-24　50%工况下CCOT传感器在各个循环中的退化增量数据

$\Delta x_{50}^{(i)}$	CCOT1	CCOT2	CCOT3	CCOT4	CCOT5	CCOT6	CCOT7	CCOT8
$i=1$	0	0	0	0	0	0	0	0
$i=2$	1.8	1.9	1.7	0.9	0.8	0.9	1.7	2.3
$i=3$	-0.3	1	0.5	-0.2	-0.1	0.8	0.6	0.2
$i=4$	-1.5	-0.4	-0.6	-1.5	-1.5	0.1	0.1	0
$i=5$	-0.6	-1.1	-0.7	-1.7	-1.2	-0.3	-0.6	-0.6
$i=6$	0.9	1.4	2	0.8	1	2.9	2	1.3
$i=7$	0.5	1.4	1.5	0.2	0.5	2.1	1.3	1.5
$i=8$	0.6	0.8	1.4	0.3	1.1	1.5	1.2	1.1
$i=9$	-1	-0.6	-0.7	-1.4	-0.7	-0.2	-0.3	0.1
$i=10$	1	1	1.5	0.5	1	1.8	1.5	1.6
$i=11$	1.9	2	2.3	0.5	2.6	2.9	2.7	2.6
$i=12$	1.3	2.2	2.5	1.7	1.1	3	2.4	2.7
$i=13$	1.5	1.3	1.6	0.6	1.4	1.8	2	1.3
$i=14$	1	0.3	0.8	-0.7	0.7	0.3	1.6	2.4

表4-25　110%工况下CCOT传感器在各个循环中的退化增量数据

$\Delta x_{50}^{(i)}$	CCOT1	CCOT2	CCOT3	CCOT4	CCOT5	CCOT6	CCOT7	CCOT8
$i=1$	0	0	0	0	0	0	0	0
$i=2$	0.2	0.5	0.8	0.2	0.8	-1	1.7	0.1
$i=3$	-0.1	0.3	0.6	-0.1	0.7	-0.8	0.2	1.42×10^{-14}
$i=4$	0.5	1.8	2.1	1	1.8	0.5	1.2	0.7
$i=5$	-0.5	0.2	0.2	0.3	0.6	-0.7	0.5	0.6
$i=6$	0.5	1.4	1.8	0.3	2.2	0.1	2.2	0.9
$i=7$	-1.3	-0.5	-0.2	-0.4	1	-1	1.5	-0.1
$i=8$	0.3	1	1	-0.2	1.6	-0.1	1.3	0.3
$i=9$	-0.3	0.4	0.6	-0.1	1	0.1	-0.5	0.9
$i=10$	0.3	8×10^{-1}	0.7	0	1.5	0.1	1	0.7
$i=11$	0.6	0.8	1.4	-0.2	1.4	-1	1	0.9
$i=12$	2.2	2.5	2.3	1.5	2.7	2.1	2.4	2.4
$i=13$	1	1.7	2	1	1.8	0.8	1.8	2.4
$i=14$	0.3	1.5	1.2	0.6	1.3	0.8	0.7	2.2

表4-26 0%工况下CCOT传感器在各个循环中的退化增量数据

$\Delta x_{0-1}^{(i)}$	CCOT1	CCOT2	CCOT3	CCOT4	CCOT5	CCOT6	CCOT7	CCOT8
$i=1$	0	0	0	0	0	0	0	0
$i=2$	0.6	0	-0.8	0.1	0.25	2	-0.5	-1.1
$i=3$	0.7	-0.1	-0.8	0	0.2	-0.7	0	-0.6
$i=4$	1.1	0.1	-1.3	-0.1	-0.1	-1.4	-1.1	-1.8
$i=5$	-1	-1.3	-2.3	-1.3	-1.5	-2.8	-1.8	-2.5
$i=6$	-2.7	-3.6	-4.6	-3.5	-3.6	-5.1	-3.8	-5.3
$i=7$	-2.5	-2.3	-3.15	-2.2	-2.6	-3.1	-2.8	-3.6
$i=8$	-1.4	-1.3	-2.7	-1.6	-3.2	-2.4	-2.6	-3
$i=9$	-1	-1.7	-2.1	-2	-1.6	-2.3	-2.5	-2.9
$i=10$	-1.9	-2.2	-3	-1.9	-2.9	-2.4	-2.6	-3.3
$i=11$	-1.9	-1.9	-2.5	-1.1	-2.7	-3.3	-2.6	-3.7
$i=12$	-3.8	-3.5	-5.3	-4.8	-3.9	-4.2	-5.9	-5.1
$i=13$	-2.9	-1.9	-4	-2.8	-2.8	-2.9	-2.7	-4
$i=14$	-4.5	-3.6	-4.9	-3.5	-4.4	-3.7	-5.6	-5.5
$\Delta x_{0-2}^{(i)}$	CCOT1	CCOT2	CCOT3	CCOT4	CCOT5	CCOT6	CCOT7	CCOT8
$i=1$	0	0	0	0	0	0	0	0
$i=2$	-1.2	-0.4	-1.7	-0.9	-1.7	-2.6	-2.3	-2.3
$i=3$	-0.9	-0.6	-1.7	-0.7	-1.4	-1.7	-1.1	-1.4
$i=4$	0.1	0.3	-0.4	0.1	0.1	-1.1	-0.4	-1.5
$i=5$	-2	-1.5	-3	-1.7	-2.8	-3.8	-2.8	-3.1
$i=6$	-2.7	-2.1	-3.9	-1.9	-3.8	-4.4	-4.1	-3.5
$i=7$	-2.4	-1.8	-3.5	-2	-2.4	-4.3	-3.7	-3.7
$i=8$	-1.5	-0.9	-1.9	-1	-1.4	-2.4	-2.4	-2.4
$i=9$	-2.1	-1.3	-2.2	-1.5	-2.5	-2.7	-2.4	-3.3
$i=10$	-2.4	-1.9	-2.9	-2.2	-2.8	-3.6	-2.8	-3.8
$i=11$	-5.4	-4.1	-5.2	-3.8	-5.4	-5.8	-5.8	-6.6
$i=12$	-4.3	-3.2	-4.1	-3.7	-3.5	-5.4	-5	-6
$i=13$	-3	-1	-3.1	-1.7	-2.2	-2.8	-3.6	-3.4
$i=14$	-2.6	-1.2	-2.7	-1.5	-1.8	-3	-3.2	-4.3

续表

$\Delta x_{0-3}^{(i)}$	CCOT1	CCOT2	CCOT3	CCOT4	CCOT5	CCOT6	CCOT7	CCOT8
$i=1$	0	0	0	0	0	0	0	0
$i=2$	-1.7	-1.9	-1.9	-1.2	-1.3	-0.9	-1.6	-1.7
$i=3$	0.5	-0.9	-1	0.3	-0.2	-0.2	-0.1	-0.1
$i=4$	1	-0.4	-0.8	0.6	-0.1	0.1	-0.7	0
$i=5$	2.1	2.1	1.7	2.7	1.8	2.3	1.9	2.1
$i=6$	-1.2	-2.4	-2.8	-2	-1.5	-2.5	-2.9	-1.7
$i=7$	0	-1.1	-1.8	-0.5	-1.2	-1.2	-1.1	-1.6
$i=8$	0.8	0.3	-0.2	1.2	0	0.4	0.3	0.2
$i=9$	1.2	0.6	0.2	1.4	0.6	0.7	0.1	0.6
$i=10$	-1.1	-1.5	-2.4	-1.5	-1.8	-1.2	-1.9	-1.7
$i=11$	-0.8	-0.8	-1.2	0	-1.8	-0.9	-1.4	-1
$i=12$	-1.5	-2.2	-3.2	-1.3	-2.3	-1.8	-2.2	-2.2
$i=13$	-1.5	-1.3	-2.1	-1.5	-1.6	-1.3	-2.1	-1.4
$i=14$	-1.7	-2	-1.8	-1.5	-2.4	-1.2	-2.4	-3.3

表4-27 主轴各挡温度在$[10(i-1) \sim 10 \times i]$个循环中的累积退化增量

(1~i)循环累积退化增量	第1挡	第2挡	第3挡	第4挡	第5挡	第6挡	第7挡	第8挡	第9挡
$i=1$	0	0	0	0	0	0	0	0	0
$i=2$	1	1.2	1	0.5	0.4	1.1	1.2	1	0.8
$i=3$	0.8	0.6	0.5	0.7	0.4	0.5	1	0.7	0.8
$i=4$	-0.4	0	0.1	-0.1	0	0.2	-0.2	0	-0.1
$i=5$	1	0.7	0.8	0.6	0.6	0.8	1	0.5	0.9
$i=6$	0.5	0.5	0.5	0	0.8	0.6	0.1	0.7	-0.6
$i=7$	0.4	0.5	0.3	1.1	0	0.3	0.8	1.5	1.6
$i=8$	-0.9	-0.6	-0.9	-0.7	-0.7	-0.5	-0.5	0	0.9
$i=9$	-0.1	-0.2	-0.2	-0.4	-0.3	0.1	0.2	-1.4	-0.8
$i=10$	-0.2	-0.1	-0.3	-0.4	-0.3	-0.3	-0.9	-1.1	-1.5
$i=11$	1.8	-0.2	0.6	1.4	1.2	1.2	1.5	1.4	1.4
$i=12$	-0.2	-0.5	-0.3	-0.6	-0.4	-0.6	-1.7	-0.6	-0.3
$i=13$	-0.6	-0.4	-0.5	-0.3	-0.4	-0.4	0.5	-0.3	-0.5
$i=14$	0.8	1.1	1	0.9	0.9	1.2	1.1	0.8	1

表4-28 CCOT传感器温度在$[10(i-1)\sim 10\times i]$个循环中的累积退化增量

$(1\sim i)$循环累积退化增量	CCOT1	CCOT2	CCOT3	CCOT4	CCOT5	CCOT6	CCOT7	CCOT8
$i=1$	0	0	0	0	0	0	0	0
$i=2$	0.9	1	1.2	1.1	1.3	0.6	1	0.9
$i=3$	0.2	0.4	0.5	0.3	0.3	1.1	0.7	0.6
$i=4$	-0.2	0	0.2	-0.2	-0.6	-0.5	-0.6	-0.2
$i=5$	0.7	0.9	0.1	0.7	1	1.2	0.8	0.9
$i=6$	0.7	0.8	0.6	0.7	0.5	0	1.1	0.4
$i=7$	0	-0.4	0.3	-0.4	0	0.1	0.5	0.3
$i=8$	-0.1	-0.1	-0.7	-0.1	-0.4	-0.1	-1.2	-0.6
$i=9$	-0.6	-0.4	-0.3	-0.8	0.1	-0.6	-0.1	-0.1
$i=10$	0.4	0.5	0.7	1.1	0.3	1	0.1	0.6
$i=11$	1.2	-0.1	1.8	0.4	1.2	0.2	1.2	1.3
$i=12$	-0.8	0.1	-1.8	-0.2	-0.9	-0.2	-0.5	-0.8
$i=13$	0.2	-1	-0.5	-0.8	0	-0.6	-0.7	-0.3
$i=14$	0.4	1.9	1.3	1.5	0.3	1.5	1.7	1.8

4.6.2.2 基于主轴温度维纳过程的可靠性评估

为考察综合工况试验对主轴温升的影响,根据表4-27中的数据,以1个循环(包括各种工况)为单位间隔,得到的主轴温度在综合工况载荷下的维纳过程参数估计,列于表4-29。

表4-29 综合工况下主轴维纳过程参数估计

主轴温度	维纳参数	
	μ	σ
第1挡	3.482	9.344
第2挡	2.321	7.253
第3挡	2.321	7.270
第4挡	2.411	8.370
第5挡	1.964	7.117
第6挡	3.750	7.814
第7挡	3.661	11.303
第8挡	2.857	10.946
第9挡	3.214	11.548

维纳过程的特性是：

(1) 若 μ 值为正，表示在对应工况下该部位的温度随运行时间延长而升高；且 μ 值越大，则温升速度越快。

(2) 若 μ 值为负，表示在对应工况下该部位的温度随运行时间延长而下降；且 μ 值越小，则温降速度越快。

将表 4-29 中维纳过程参数估计结果 μ 和 σ，代入可靠度函数方程：

$$R(t) = \Phi\left(\frac{l-\mu t}{\sigma \sqrt{t}}\right) - \exp\left(\frac{2\mu l}{\sigma^2}\right)\Phi\left(\frac{-l-\mu t}{\sigma \sqrt{t}}\right) \tag{4-35}$$

由此即可得到基于主轴综合工况下的温升规律的可靠度函数如图 4-15 所示。

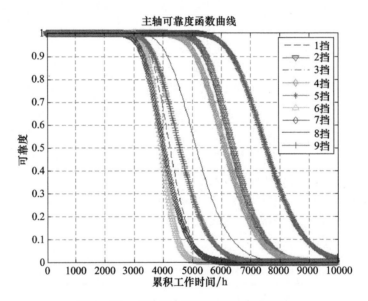

图 4-15　主轴综合工况下的可靠度函数

根据图 4-15 所示的可靠度函数，进一步可得到主轴可靠性评估结果为

$$\text{MTBF} = 5465\text{h}$$

0.9 可靠寿命为 $T_{0.9} = 3760\text{h}$

0.8 可靠寿命为 $T_{0.8} = 4100\text{h}$

0.7 可靠寿命为 $T_{0.7} = 4420\text{h}$

4.6.2.3　基于 CCOT 传感器温度维纳过程的可靠性评估

为考察综合工况试验对 CCOT 传感器温升的影响，根据表 4-13 中的数据，以 10 个循环（包括各种工况）为单位间隔，得到的 CCOT 传感器温度在综合工况载荷下的维纳过程参数估计，列于表 4-30。

表4-30 综合工况下CCOT传感器温度维纳过程参数估计

CCOT传感器	维纳参数	
	μ	σ
CCOT1	2.679	6.966
CCOT2	3.214	9.103
CCOT3	3.036	11.422
CCOT4	2.946	8.942
CCOT5	2.768	7.984
CCOT6	3.304	8.738
CCOT7	3.571	10.594
CCOT8	4.286	9.182

将表4-30中维纳过程参数估计结果μ和σ，代入可靠度函数方程：

$$R(t) = \Phi\left(\frac{l-\mu t}{\sigma \sqrt{t}}\right) - \exp\left(\frac{2\mu l}{\sigma^2}\right)\Phi\left(\frac{-l-\mu t}{\sigma \sqrt{t}}\right) \tag{4-36}$$

得到CCOT传感器在综合工况下的可靠度函数如图4-16所示。

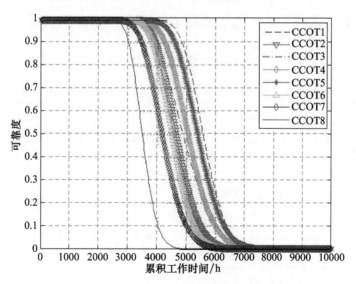

图4-16 CCOT传感器在各种工况下的可靠度函数

综合工况下,利用 CCOT 主轴温升得到的可靠性评估结果为

$$MTBF = 4755h$$

$$0.9 \text{ 可靠寿命为 } T_{0.9} = 3560h$$

$$0.8 \text{ 可靠寿命为 } T_{0.8} = 3940h$$

$$0.7 \text{ 可靠寿命为 } T_{0.7} = 4240h$$

4.7 基于故障时间数据的柴油机可靠性评估

柴油机产品,属于复杂产品,发生故障后,一般都要进行修复,修复后继续使用。这样,产品故障样本的相关特性将直接受到修复深度的影响。柴油机产品的修复按深度可分为完全修复与基本修复。完全修复一般为修复后更换了整件产品,或者更换了全部耗损、老化零件。基本修复指的是产品故障后,用任何维修方法,如局部更换、润滑保养、调整等,将其恢复良好,但修复后其可靠性状况已与新产品不完全一样,也就是说,修复前后故障样本是相关的。柴油机上的大多数产品属于这种情况。对于这种情况,用处理简单随机样本的传统概率分布模型处理就不合适了。完全修复后和新装机产品第 1 次故障样本采用传统的概率分布模型处理;基本修复样本采用非齐次泊松过程处理。对于大量存在的基本修复样本的柴油机可修产品来说,能确切表述其故障变化规律的量是故障强度,而不是传统使用的故障率。相应于故障强度的 NHPP 是一个进行柴油机可修产品可靠性评估的较好模型。下面将根据柴油样机在 1000h 考核试验中出现的故障数据,采用 Weibull – NHPP 模型进行可靠性评估。

4.7.1 柴油机样机 1000h 考核过程中出现的问题及解决措施

柴油机样机 1000h 考核试验中的故障数据见表 4 – 31。

表 4 – 31 柴油机样机 1000h 考核试验中的故障数据

序号	出现故障时间(循环数)	累积试验时间/h	故障现象	故障原因及解决措施	故障关联性(故障分为严重责任故障、责任故障、非责任故障)
1	2	16	CCOT 报警	控制台上与 CCOT 连接的一个继电器损坏	非关联(非责任故障)
2	7	56	STC 控制仪空气阀指示灯显示不正常	柴油机上空气阀接线松动所致,重新接线,故障排除	关联(突发故障)责任故障
3	21	164	水力测功器阀门控制失灵	停车维修耗时 30min	关联(突发故障)非责任故障

续表

序号	出现故障时间(循环数)	累积试验时间/h	故障现象	故障原因及解决措施	故障关联性(故障分为严重责任故障、责任故障、非责任故障)
4	56	444	水力测功器阀门控制失灵	停车维修耗时 30min	关联（突发故障）非责任故障
5	60	480	进气温度升高	原因可能为冷却器水侧管路堵塞。试验后拆检发现因结垢 67 根水管堵塞	关联（性能退化故障）
6	66	528	油雾探测器报警	检查发现 A1 缸缸套异常磨损，顶环翻边，连杆瓦油槽有剥落现象发生。更换 A1 缸缸套、活塞环、连杆瓦后，柴油机再次磨合后重新进行第 66 循环试验。1000h 试验后追加 15 个循环	关联（退化故障）严重责任故障

4.7.2 Weibull–NHPP 模型的柴油机可靠性评估

4.7.2.1 Weibull–NHPP 模型概述

柴油机是可修复系统，由于柴油机发生故障时刻 $t_i(i=1,2,\cdots,n)$ 是随机出现的，可以把它看成是时间轴上依次出现的随机点，所以可用随机点过程来描述发动机的故障过程，如图 4-17 所示，其中，t_i 为第 i 次故障发生时刻。

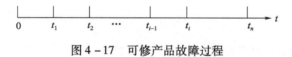

图 4-17 可修产品故障过程

用于描述可修复系统的随机点过程有三种，即齐次泊松过程、更新过程和非齐次泊松过程。齐次泊松过程是基于故障强度函数等于常数的假设，对柴油机而言，由于零部件劣化等原因，这一假设显然不适合柴油机故障过程的描述。更新过程是对非齐次泊松过程的一种推广，可用于描述"修后如新"的可修系统的运行特征。因为大多数维修只涉及到更换一小部分系统的零件，即使维修使系统功能恢复到原来的规格，但系统的可靠度并没有更新，该假设也被称为"最小维修"和"修后如旧"，"修后如旧"是指对产品修复后恢复了正常功能，但其状态与新产品并不完全一样。假设柴油机的可靠度在维修后和故障前是一样的，则非齐次泊松过程可作为发动机故障过程的可靠性模型。

定义：计数过程 $\{N(t),t\geq 0\}$ 称为非齐次泊松过程，有强度函数 $\lambda(t),t\geq 0$，如果它满足以下条件：

(1) $N(0) = 0$;
(2) $\{N(t), t \geq 0\}$ 具有独立增量；
(3) $P\{N(t+h) - N(t) \geq 2\} = o(h)$;
(4) $P\{N(t+h) - N(t) = 1\} = \lambda(t)h + o(h)$。

若令

$$m(t) = \int_0^t \lambda(s)\,\mathrm{d}s \qquad (4-37)$$

则有

$$P\{N(t+s) - N(t) = n\} = \exp\{-[(m(t+s) - m(t))]\} \cdot \frac{[m(t+s) - m(t)]^n}{n!} \qquad (4-38)$$

若强度函数：

$$u(t) = \lambda \beta t^{\beta-1} \qquad (4-39)$$

则称此泊松过程为威布尔过程，其中，$\lambda, \beta > 0$，β 为形状参数，λ 为强度参数。

可以证明，对非齐次泊松过程，故障间隔时间序列既不相互独立也不同分布，既不服从指数分布也不是来自同分布的独立样本，因此任何基于独立同分布假设的技术都不能应用于非齐次泊松过程，但非齐次泊松过程与齐次泊松过程一样，具有独立增量性。

由强度函数的定义知，柴油机故障强度函数表示柴油机单位时间内发生故障的次数，其倒数则表示发动机一次故障所经过的时间，定义故障强度的倒数为瞬时平均故障间隔时间：

$$t_{\text{IMBF}} = \frac{1}{u(t)} \qquad (4-40)$$

t_{IMBF} 表示柴油机在时刻 t 瞬间的可靠性水平，为了描述柴油机在所观察区间 $[0, T]$ 内中的可靠性状况，定义累积平均故障间隔时间为

$$t_{\text{CMBF}} = \frac{T}{E[N(t)]} = \frac{T}{\int_0^T u(t)\,\mathrm{d}t} \qquad (4-41)$$

若用威布尔(Weibull)过程 $\lambda(t) = \lambda \beta t^{\beta-1}$ 描述柴油机故障过程，可得

$$t_{\text{CMBF}} = \frac{\beta}{u(T)} = t_{\text{IMBF}} \cdot \beta \qquad (4-42)$$

上式说明，$[0, T]$ 内累积平均故障间隔时间等于 T 时刻的瞬时平均故障间隔时间乘以形状参数 β。

以威布尔过程描述柴油机故障过程，下面讨论故障过程改善和故障过程劣化，与故障强度函数 $\lambda(t)$ 及累积故障强度函数 $m(t)$ 之间的关系，由

$$\left(\frac{1}{u(t)}\right)' = \left(\frac{1}{\lambda\beta} \cdot t^{1-\beta}\right)' = \frac{1}{\lambda\beta}(1-\beta) \cdot t^{-\beta} \qquad (4-43)$$

得到以下结论:

(1)当 $\beta<1$ 时,$(1/u(t))'>0$,即 $u'(t)<0$,$m''(t)<0$,此时瞬时故障间隔时间 t_{IMBF} 单调上升,即随着 t 的增加,故障间隔时间也在增加,此时发动机故障过程是改善的。

(2)当 $\beta=1$ 时,$(1/u(t))'=0$,$m''(t)<0$,此时 $u(t)$ 保持不变,称故障过程是保持不变的。

(3)当 $\beta>1$ 时,$(1/u(t))'<0$,即 $u'(t)>0$,$m''(t)>0$,即瞬时故障间隔时间 t_{IMBF} 单调下降,即随着 t 的增加,故障间隔时间在减小,此时称发动机故障过程是劣化的。

4.7.2.2 柴油机可靠性评估

1)数据整理

根据表 4–31,将柴油机样机的故障样本排序,如图 4–18 所示,其中,× 表示对该处故障进行基本修复。

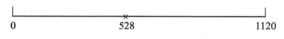

图 4–18 柴油机样机故障时间排列图

2)故障强度参数估计

设柴油机在统计时间区间 $[S_1,S_2]$ 发生了 N 个故障,第 i 个故障发生时间是 t_i $(i=1,2,\cdots,N)$。

对于 Weibull–NHPP 过程,故障强度函数为

$$u(t)=\lambda\beta t^{\beta-1}\quad (t>0) \tag{4-44}$$

式中:β 为形状参数;λ 为尺度参数;t 为工作时间。

采用极大似然估计方法,可得参数 β 和 λ 的估计式如下:

$$\begin{cases}\hat{\lambda}=\dfrac{N}{S_2^{\hat{\beta}}}\\[2mm] \hat{\beta}=\dfrac{N}{\hat{\lambda}\cdot S_2^{\hat{\beta}}\ln S_2-\sum\limits_{i=1}^{N}\ln t_i}\end{cases} \tag{4-45}$$

式中:$N=1$,$S_2=1120$;$t_1=528$;将这些参数值数据代入上式,运用迭代法便可计算出 $\hat{\lambda},\hat{\beta}$ 的取值为

$$\hat{\lambda}=8.813\times10^{-5},\hat{\beta}=1.15$$

3)可靠性特征量预测

(1)运行 $[t,t+s]$ 区间内严重故障发生次数平均数预测。

柴油机在累积工作时间区间 $[t,t+s]$ 区间内严重故障发生的平均数为

$$E[N(t,t+s)]=m(s+t)-m(t)=\hat{\lambda}\cdot(t+s)^{\hat{\beta}}-\hat{\lambda}\cdot t^{\hat{\beta}}\quad (t>0) \tag{4-46}$$

将该型柴油机的大修期10000h平均划分为10个阶段,每个阶段的累积运行时间为1000h,并根据公式预测每一个阶段的平均故障次数,$\hat{\lambda},\hat{\beta}$ 的估计值代入,得到平均故障数的分布如表4-32所列。

表4-32 各运行阶段严重故障平均发生次数分布

时间区间/h	[0,1000]	[1000,2000]	[2000,3000]	[3000,4000]	[4000,5000]
平均故障数	0.9	1.3	1.5	1.7	1.9
时间区间/h	[5000,6000]	[6000,7000]	[7000,8000]	[8000,9000]	[9000,10000]
平均故障数	2.0	2.1	2.2	2.3	2.4

(2) 累积 MTBCF 预测。

故障强度函数为

$$u(t) = \lambda \beta t^{\beta-1} \tag{4-47}$$

瞬时 MTBCF 函数为

$$T_{\text{IMBF}}(t) = \frac{1}{u(t)} = \frac{1}{\lambda \beta t^{\beta-1}} \tag{4-48}$$

累积 MTBCF 函数为

$$T_{\text{CMBF}}(t) = \beta \cdot T_{\text{IMBF}}(t) \tag{4-49}$$

将 λ 和 β 的估计值代入后,预测得到柴油机累积 MTBCF 函数曲线如图4-19所示。

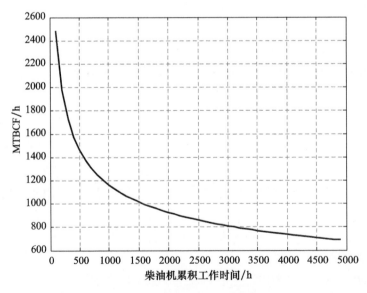

图4-19 柴油机 MTBCF 函数曲线

由图4-19可以得到柴油机累积运行时间与MTBCF的对应关系,可见,随着柴油机累积运行时间的延长,由于柴油机进入耗损期,故障越来越频发,于是MTBCF会随之下降,此时,柴油机的可用度指标可能不再满足要求,需通过维护保养、换件修理等措施,提高其MTBCF水平。

第5章 舰船柴油机整机可靠性增长试验方法

5.1 概　述

5.1.1 基本概念

可靠性增长是保证复杂系统投入使用后可靠性满足研制要求的有效途径,贯穿于系统全寿命周期的各个阶段。通过持续不断地消除产品在设计或制造中的薄弱环节,采取适当的纠正措施,使产品可靠性随时间而逐步提高的过程,称为可靠性增长过程。

可靠性增长试验是实现可靠性增长的重要途径。其目的是通过试验—分析—改进—再试验(简称 TAAF)的过程,解决设计缺陷,提供产品可靠性。

5.1.2 现有可靠性增长试验方法分析

目前可靠性增长试验设计与规划方法主要分为两大类:

1)已知模型的可靠性增长试验

这类可靠性增长试验,需要知道产品可靠性增长规律,选择正确的可靠性模型,建立可靠性增长计划曲线。常用的模型有:杜安(Duane)模型、AMSAA 模型、AMSAA – BISE 模型、Gompertz 模型等。其中 Duane 模型和 AMSAA 模型是应用最为广泛的两种模型。这类试验主要适用于试验时间较长,试验过程中会产生大量故障样本的产品。GJB 1407—92《可靠性增长试验》、GJB/Z 77—95《可靠性增长管理手册》是这类可靠性增长试验的基础标准,主要采用 Duane 模型以及 AMSAA 模型进行试验设计和数据分析。

按 Duane 模型与 AMSAA 模型开展的可靠性增长试验方案,适用于有条件按可靠性增长计划进行较长时间的增长试验,能观测到若干个故障数的情况。Duane模型便于试验的计划安排,AMSAA 模型适合对试验进行跟踪和数据处理,两者结合就形成了可靠性增长试验设计的基础。

可靠性增长试验一般应是定时试验,这种定时试验的总时间是使现有可靠性增长到可靠性目标值所需的最长时间。按 Duane 模型与 AMSAA 模型开展可靠性增长试验,在做增长计划时就需要确定总的试验时间。合理确定试验时间是可靠性增长试验方案的关键。采用 GJB 1407 和 GJB/Z 77 推荐的已知模型的可靠性增长试验方案需要在试验前确定计划增长曲线的起始点(M_I,t_I)和预期增长率 m。由于试验总时间对(M_I,t_I)和 m 值比较敏感,因此(M_I,t_I)和 m 值的选取是试验方案设计的关键。

按已知模型开展可靠性增长试验,可靠性增长试验大纲要按照可靠性增长模型制定。已知增长模型的可靠性增长试验的基本流程是:试验前明确可靠性增长模型,制定可靠性增长试验大纲和方案,绘制可靠性增长试验曲线,严格按大纲规定开展试验;在试验过程中,不断地将实测的平均无故障间隔时间与计划的增长值进行比较,及时作出调整,对增长率和资源进行控制和再分配,以最终达到可靠性增长的目标值。

2) 未知模型的可靠性增长试验

这类试验在制定可靠性增长大纲和方案时,无须知道产品可靠性增长符合何种增长模型,但是需要知道产品在可靠性增长试验过程中寿命服从何种分布。通过试验—分析—改进,达到规定的产品可靠性。这类试验主要适用于高可靠、高价值、试验时间受限,试验故障较少的产品。目前,航天产品可靠性增长试验多采用此类方法。QJ 3127《航天产品可靠性增长试验指南》在 GJB 1407 的基础上,增加了无增长模型的预鉴定试验方案,也称为指数分布的定时截尾试验方案。这种试验方案借鉴了可靠性鉴定试验的思想,试验时间较短。

按未知增长模型开展可靠性增长试验,可靠性增长试验方案可以从工程实际出发,将可靠性要求值分解为阶段值,并以此拟定符合工程实际的增长计划。按阶段实现产品的可靠性增长目标。未知增长模型的可靠性增长试验也存在定量的约束,但这种定量约束没有明确的可靠性增长模型。

采用未知模型的增长试验方案进行可靠性增长,这种试验方案是根据产品的具体特点,实施试验→暴露问题→分析→改进→再试验的过程,最终达到可靠性增长的目标值。目前航天产品绝大部分开展这种未知增长模型的可靠性增长试验。采用这种试验方案在经费有限和时间不很充裕的情况下,解决了产品的故障和隐患,提高了产品的固有可靠性。为了达到可靠性增长目标,未知增长模型的可靠性增长更应制订严谨的可靠性增长计划和可靠性增长试验实施流程。

未知增长模型的可靠性增长试验实施遵循的基本流程为:故障(潜在隐患)发现(机理分析)→针对故障的设计改进(再设计)→试验验证(发现新的故障隐患)的迭代过程。

无论是已知或未知增长模型的可靠性增长试验,只要是在模拟实际环境的条件下进行的可靠性增长试验,则试验施加的应力条件应该是产品任务剖面所遇到的最大使用应力条件。当小于该应力条件时,则不能起到激发所有的故障模式的作用。但如果施加应力条件超出设计规范容许范围,即加速条件时,要避免发生新的失效机理,需要找到加速应力下的试验结果与正常应力下的试验结果之间的等效关系,即环境转换因子,否则将会影响可靠性增长分析结论的准确性与真实性。

5.1.3 舰船柴油机可靠性增长试验特点

柴油机是常规船舶动力的主体,是船舶上主要的推进主机或发电机组的原动机。舰船柴油机主要包括舰船推进动力和辅助发电两种用途。它是由传动机构、配气机构、曲柄连杆机构、燃油供给系统、润滑系统、冷却系统、起动系统等构成的复杂系统。产品具有结构复杂、使用环境和工况条件复杂多变、技术性能指标随工况变化而变化等特点。

舰船柴油机的可靠性增长试验一般是指在柴油机样机开发阶段和试生产阶段,制定严谨的试验过程,以此来找出产品在未来运行时潜在的可靠性问题。一旦在试验中发现这些问题,就需要对其进行系统地解决,采取整改措施,使这些问题在新产品交付前就得以消除。

在计划柴油机可靠性增长试验之前,首先柴油机的各项性能指标需要达到要求,需完成相关性能测试以及环境适应性试验。

柴油机可靠性增长试验特点包括:

1)试验样本量少

柴油机不同于电子产品,其整机可靠性增长试验为台架试验,对试验设备有很高要求。另外,柴油机单台样机的成本较高,且故障模式以耗损型故障为主,属于大型复杂机电液一体化系统。因此,在进行整机可靠性增长试验时同时进行试验的样机的数量往往只有一台。

2)试验周期长、费用高

由于柴油机以耗损型故障为主,且目前国内柴油机可靠性增长目标值一般为1500~3000h。按照试验时间为要求值的 5~25 倍,累积试验时间可以达到10000h以上,而且持续时间一般为2~3年。试验费用若按每小时500元计,一次增长试验费用高达数百万元(尚不包括对试验过程中所出现故障的分析、纠正和验证等费用)。

3)纠正方式具有延缓性

由于船用柴油机属于机电液一体化复杂系统,增长试验过程中出现的大量故障的故障原因不易分析准确,纠正措施也比较复杂,纠正措施的硬件制造比较费时,所以通常的做法是分阶段对增长试验过程中出现的故障进行集中整改和纠正,采用延缓或含有延缓纠正方式,可靠性增长往往是阶跃上升的。

4)试验条件为变工况循环

为了模拟船用柴油机实际使用环境和工况条件,船用柴油机可靠性增长试通常采用变工况循环载荷谱。另外,不同试验阶段试验谱也会有所不同,使得各试验阶段柴油机可靠性增长速度存在差异。

5.1.4 舰船柴油机可靠性增长试验流程研究

遵循 GJB 1407—1992《可靠性增长试验》、GJB/Z 77—1995《可靠性增长管理手册》以及工程研制实际要求,船用柴油机可靠性增长试验流程可概括如图 5-1 所示。

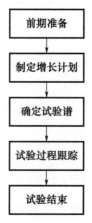

图 5-1 可靠性增长试验方法流程

1)前期准备

在试验前期,需要对船用柴油机进行性能或功能测试,确保产品的性能参数已经满足设计要求,保证可靠性增长试验产品对象的一致性。此外,还应确定参与试验的产品数量以及试验的环境条件以及安装条件,保证可靠性增长试验约束条件的一致性。

2)制定增长计划

可靠性增长计划是船用柴油机实施可靠性增长试验及管理的依据。为制定出该计划,通常需要根据船用柴油机的特性,选择合适的增长模型,通过确定模型中的各个参数,从而确定出计划的增长曲线。为此,应进行如下几项工作:

(1)分析同类或相似船用柴油机产品的可靠性状况以及可靠性增长情况,掌握它们的可靠性水平、主要故障及其原因和发生频度、增长规律、增长起点以及增长率等信息。

(2)分析船用柴油机产品的研制大纲和可靠性大纲,了解研制试验情况,掌握各项试验的环境条件及预计的试验时间等信息。

(3)根据本柴油机产品特性以及前期可靠性工程工作基础(如可靠性设计、FMEA 等结果),选择切合实际的增长模型,制定出可靠性增长计划并绘制可靠性增长的理想曲线及计划曲线。

3）确定试验谱

在试验前应确定船用柴油机试验谱以规定试验条件，即设定试验的加载方式（载荷或位移），加载的各种波形、频率、相位、终值及重复次数等试验参数。

4）试验过程跟踪

在试验过程中需要不断跟踪记录试验条件、柴油机性能以及故障数据，以便及时了解试验状态，确定下一步措施。对可靠性增长的监控要贯穿整个试验过程，以不断地将观测到的反映船用柴油机可靠性的 MTBF 值和计划的增长值进行比较，从而对增长率、试验资源等进行调整分配和控制，保证高效达成可靠性增长目标。监控一般可采用图分析、统计分析等方法来实现。

5）试验结束

在满足相关条件后便可以结束试验。例如，利用试验数据估计的 MTBF 值已达到试验大纲要求时可结束试验。当试验进行到规定的总试验时间，而利用试验数据估计的 MTBF 值达不到大纲要求时，应立即停止试验，通过确定纠正措施的有效性、评审准备采取的措施方案等工作，为下阶段迭代工作创造条件。

5.2 舰船柴油机可靠性增长试验方案设计

可靠性增长试验是一个有计划的激发故障、分析故障，并有效纠正故障，以提高产品可靠性的过程，因此，在可靠性增长试验前，必须开展可靠性增长试验方案设计，选定增长模型，绘制试验计划曲线，确定试验阶段、总试验时间以及各评审点应达到的可靠性值，从而为可靠性跟踪提供基线。

5.2.1 试验样本的数量

鉴于船用柴油机属于复杂机械产品，大部分故障模式与累积损伤有关。虽然采用多台柴油机同步试验可以显著缩短试验时间，但是一些与累积损伤导致故障有关的缺陷可能无法发生，因此选择单台柴油机进行可靠性增长试验更能暴露产品的薄弱设计。

5.2.2 增长模型的选取

1. 杜安（Duane）模型

杜安模型最初是飞机发动机和液压机械装置等复杂可修产品可靠性改进的经验总结，在此后大量的工程实践也表明，它具有广泛的适应性，是目前最常用的可靠性增长模型之一，广泛应用于各种电子、机械产品。

杜安模型表达形式简单，便于进行可靠性增长过程的跟踪评估，而且模型参数的物理意义易于理解,可以方便地制定可靠性增长计划。但是,杜安模型未涉及随机现象,是一个确定性模型,即工程模型,不能得出区间估计。

首先对累积失效率做出定义:设可修复产品的累积试验时间为 t,在试验时间 $(0,t]$ 内产品的累积失效次数 $N(t)$;产品的累积失效率 $\lambda_c(t)$ 定义为累积失效次数与累积试验时间 t 之比:

$$\lambda_c(t) = \frac{N(t)}{t} \qquad (5-1)$$

杜安模型的描述为:在产品研制过程中,只要不断对产品进行改进,累积失效率 $\lambda_c(t)$ 与累积试验时间 t,可以用双对数坐标纸上的一条直线来近似描述,其数学表示为

$$\ln\lambda_c(t) = \ln a - m\ln t \qquad (5-2)$$

或

$$N(t) = at^{1-m} \qquad (5-3)$$

式中:a 为尺度参数,$a > 0$;m 为增长率,$0 < m < 1$。

将式(5-2)化成指数形式得到累积失效率 $\lambda_c(t)$ 与累积试验时间 t 关系式为

$$\lambda_c(t) = at^{-m} \qquad (5-4)$$

将产品可靠性水平用平均无故障间隔时间 MTBF 衡量,则累积 MTBF 以 $\theta_c(t)$ 表示为

$$\theta_c(t) = \frac{1}{\lambda_c(t)} = \frac{t^m}{a} \qquad (5-5)$$

在实际应用中,往往更关心产品工作到在某一时刻 t 的瞬时失效率,易得时刻 t 的瞬时失效率和瞬时 MTBF 为

$$\lambda(t) = a(1-m)t^{-m} \qquad (5-6)$$

$$\theta(t) = \frac{1}{\lambda(t)} = \frac{t^m}{a(1-m)} \qquad (5-7)$$

尺度参数 a 的倒数是杜安模型累积 MTBF 曲线在双对数坐标纸纵轴上的截距,在一定程度上反映了产品进入可靠性增长试验时的初始 MTBF 水平。增长率 m 体现产品 MTBF 随试验时间逐渐增长的速度。

2. AMSAA 模型

AMSAA 模型是美军在杜安模型的基础上提出的,也称为 Crow 模型。模型给出了参数的极大似然估计和无偏估计、产品 MTBF 的区间估计、模型拟合优度检验方法、分组数据的分析方法和丢失数据时的方法,系统地解决了 AMSAA 模型的统计推断问题。AMSAA 模型在电子产品可靠性增长试验的数据分析中得到了广泛的应用。

AMSAA 模型计算简便,数学分析严密,考虑了随机现象,MTBF 的点估计精度比较高。但也存在一些缺点:模型表达式在 $t \to 0$ 和 $t \to \infty$ 时,产品的瞬时 MTBF 分

别趋向零和无穷大,与实际工程不符。

AMSAA 模型假设:

(1)可修产品在开发期$(0,t]$内的失效次数$N(t)$是具有均值函数$E[N(t)]\triangleq v(t)=at^b$和瞬时失效率$\lambda(t)=abt^{b-1}$的非齐次泊松过程,其中$a>0$为尺度参数,$b>0$为形状参数:

$$P\{N(t)=n\}=\frac{v(t)^n}{n!}\mathrm{e}^{-v(t)}(n=0,1,2,\cdots) \quad (5-8)$$

强度为$\lambda(t)=abt^{b-1}$的非齐次泊松过程为幂律过程或威布尔过程。

(2)可修产品开发到时刻T之后不再进行设计改进或纠正。可以合理地认为,产品定型后,其失效分布服从指数分布,即$\lambda(t)=abT^{b-1}$,$t\geqslant T$。

设在开发期$(0,t]$内,相继失效时间为$0=t_0<t_1<t_2<\cdots<t_n$,失效时间间隔$\Delta t_i=t_i-t_{i-1}$,$i=1,2,\cdots,n$。对于 AMSAA 模型来说,当$0<b<1$时,失效时间间隔Δt_i随机增加,系统处于可靠性增长过程;当$b>1$时,失效时间间隔t_i随机减小,系统处于可靠性下降过程;当$b=1$时,$\lambda(t)=a$,非齐次泊松过程退化为泊松过程,失效时间间隔Δt_i服从指数分布,系统可靠性没有增长趋势,也没有下降趋势。

3. 适用性分析

杜安模型适用于复杂可修的机械产品,形式简单,便于制定增长计划,对数据没有太多要求。AMSAA 模型对数据的准确度,以及产品定型后的失效分布有所要求。综合考虑两者的优缺点和适用对象,选取杜安模型为柴油机的可靠性增长模型。

5.2.3 理想增长曲线

在选取增长模型后,根据模型绘制理想增长曲线。在杜安模型中,增长曲线由两部分组成,如图 5-2 所示,在t_I之前,即$(0,t_I]$段,曲线为一段水平线,表示试验初始时间前的平均可靠度水平,也就是初始水平θ_I,是可靠性增长试验开始的基点。在t_I之后,将开始进入可靠性增长管理,即将纠正措施开始引入产品,在此之后,是稳定增长的部分。试验进行到t_F,试验结束,可靠性达到增长目标θ_F。

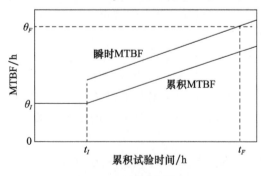

图 5-2 理想曲线图

设第一试验段 MTBF 为 θ_I，试验时间为 t_I，由式(5-7)得

$$\theta(t) = \theta_I \left(\frac{t}{t_I}\right)^m \frac{1}{1-m} \qquad (5-9)$$

$$\theta_c(t) = \theta_I \left(\frac{t}{t_I}\right)^m \qquad (5-10)$$

将第一试验段 $(0, t_I]$ 代入公式后，杜安模型可以表示为

$$\theta_c(t) = \begin{cases} \theta_I & (0 < t \leq t_I) \\ \theta_I \left(\dfrac{t}{t_I}\right)^m & (t \geq t_I) \end{cases} \qquad (5-11)$$

$$\theta(t) = \begin{cases} \theta_I & (0 < t \leq t_I) \\ \theta_I \left(\dfrac{t}{t_I}\right)^m \dfrac{1}{1-m} & (t \geq t_I) \end{cases} \qquad (5-12)$$

这就是基于杜安模型的理想增长曲线的数学公式。

理想增长曲线含有 5 个参数：增长目标 θ_F、可靠性增长初始水平 θ_I、达到总目标时的总累积试验时间 t_F、第一试验段试验时间 t_I、可靠性增长率 m。只要确定了其中任何四个参数，就可以推导出另外一个参数，从而得到唯一一条用于制定增长计划曲线的理想曲线。

5 个参数之间的推导公式如下：

$$\theta_F = \theta_I \left(\frac{t_F}{t_I}\right)^m \frac{1}{1-m} \qquad (5-13)$$

$$t_F = t_I \left[\frac{(1-m)\theta_F}{\theta_I}\right]^{1/m} \qquad (5-14)$$

$$\theta_I = (1-m)\theta_F \left(\frac{t_I}{t_F}\right)^m \qquad (5-15)$$

$$t_I = t_F \left[\frac{\theta_I}{(1-m)\theta_F}\right]^{1/m} \qquad (5-16)$$

$$m \approx -1 - \ln\left(\frac{t_F}{t_I}\right) + \left\{\left[1 + \ln\left(\frac{t_F}{t_I}\right)\right]^2 + 2\ln\left(\frac{\theta_F}{\theta_I}\right)\right\}^{1/2} \qquad (5-17)$$

绘制理想增长曲线的关键就是确定以上 5 个参数。

然而，实践中上述参数的确定往往受到多种不确定性的影响。例如，初始可靠性水平的确定往往受制于样本数和试验时间等的限制，难以精确获取初始可靠性水平。可靠性增长率的确定目前尚无明确规范的方法，在实践中其取值多是基于历史经验而确定，无疑具有较大的主观性。

当起始点 (θ_I, t_I)、增长率 m、增长目标值 θ_F 确定之后，便可在双对数做标识上画出理想增长曲线，具体步骤如下：

(1) 在双对数坐标纸上，将增长目标值 θ_F 画成一条水平线；

(2)根据(θ_I, t_I),确定起始点,在$(0, t_I]$画一条水平线;

(3)从起始点开始,按选定的增长率,向增长目标值线画一条直线,所画直线即为累积 MTBF 增长线;

(4)将此线向上平移$1/(1-m)$,得到另外一条平行线,即为瞬时 MTBF 增长线。瞬时增长线与增长目标值线的交点在横坐标上的投影即为所要求的总试验时间。

5.2.4 确定增长目标

增长目标的要求值一般由订购方确定,通常以合同、任务书或者技术协议上对于柴油机所规定的 MTBF 来体现。为了高概率地通过可靠性鉴定试验,可靠性增长的目标值应稍高于合同、任务书或者技术协议的规定值。记θ_F为增长目标值,θ_0为合同的规定值,则两者之间的关系为

$$\theta_F > \theta_0 \tag{5-18}$$

增长目标值的确定应综合考虑船用柴油机的国内外水平、产品的固有可靠性、增长潜力以及可靠性预计值等因素,相关确定原则可进一步参见 GJB/Z 77—95。

与增长目标值有关的可靠性值包括:

(1)成熟期固有可靠性值。

成熟期固有可靠性是指产品达到成熟时,在技术上有理由预期能达到的可靠性值。

设θ_{inh}为成熟期固有 MTBF,则

$$\theta_{inh} = \frac{1}{\lambda_A + (1-d)\lambda_B} \tag{5-19}$$

λ_A、λ_B为增长试验开始时 A 类故障和 B 类故障的故障率,可根据同类产品的大量故障数据统计而来。d 为 B 类故障的纠正有效性系数,可根据以往可靠性增长过程中故障率纠正的实际数据估计经验的 d 值。在没有历史数据情况下可选用经验数据的平均值 $d=0.7$。

(2)可靠性预计值。

对于柴油机(机电液一体化产品)来说,由于缺乏预计用的资料,很难准确预计产品成熟期可靠性水平。

鉴于这种情况,为了减少可靠性增长管理的风险,通常要求预计值高于可靠性增长目标值。设θ_P为 MTBF 预计值,则经验上要求:

$$\theta_P \geq 1.25 \theta_F \tag{5-20}$$

(3)增长潜力。

增长潜力是指柴油机在特定的增长管理策略下能达到的最大可靠性。特定的增长管理策略是指在增长过程中对暴露出来的故障所作的关于下列两个问题的具体决策:该故障是 A 类故障还是 B 类故障;若属于 B 类故障,则其纠正有效性

系数为多少。

设 λ_{GP}、θ_{GP} 分别为增长潜力的故障率和 MTBF，则

$$\lambda_{GP} = (1 - K_\lambda d)\lambda_I \tag{5-21}$$

$$\theta_{GP} = \theta_I/(1 - K_\lambda d) \tag{5-22}$$

式中：K_λ 为纠正比，K_λ 的取值范围一般为 0.85～0.95；d 为总体平均纠正有效性系数，d 的取值范围一般为 0.55～0.85；λ_I、θ_I 分别为初始故障率和 MTBF。

一般来说，增长潜力应略高于增长目标，可用增长潜力确定增长目标是否合理；反之，也可以用增长目标来确定增长潜力或分析增长计划是否符合要求，进而判定增长管理策略是否恰当，具体体现在 K_λ、d 选取上，或可靠性初始水平 θ_I 是否恰当。

GJB 450 要求可靠性增长试验应使产品以高概率通过可靠性鉴定试验（一般在可靠性增长试验之后要进行可靠性鉴定试验），把可靠性增长试验的目标值与可靠性鉴定试验联系起来。GJB 450 未对这个"高概率"进行量化，但可将可靠性鉴定试验的 MTBF 最低可接受值作为可靠性增长试验的目标值 θ_F。这样做可保证"产品以高概率通过可靠性鉴定试验"。

5.2.5 确定初始可靠性水平

船用柴油机初始可靠性水平取决于研制中的可靠性设计水平以及在产品研制早期为提高可靠性所做的各种努力。工程实践中通常采用包括用组成单元的可靠性试验信息进行系统的可靠性综合估计和评定、用样机调试信息估计、根据同类产品或本产品的历史经验与工程分析来估计、借鉴有关经验、根据增长潜力来获得等方法来确定。从有关文献看，经过环境试验和预处理后，θ_I 的值通常落在固有可靠性的 10%～40% 的范围内。提高 θ_I 可以大量减少总试验时间，从而减少增长费用。但注意计划曲线是否切实可行往往比对试验费用的考虑要更为重要。过高的起始点会导致增长试验失败概率的增加，或者导致追加试验费用，所以采取较低的初始值是慎重的。一般情况下在未做过任何改进工作以前，可靠性初始值通常为固有可靠性的 10%～20%；而对于已做过可靠性研制试验的产品，其可靠性初始值通常可达到固有可靠性的 30%～40%，甚至更高。

下面，结合船用柴油机特性，给出以下确定初始可靠性水平的方法。

1. 设计摸底试验

在增长试验前进行可靠性摸底试验，可以较为客观地了解新研船用柴油机的可靠性水平。摸底试验时间 T_0 可设计为最低可接受可靠性指标或合同规定值 θ_0，例如 2000h。由于摸底试验时间较短，在试验中通常不对故障实施纠正，而是在摸底试验结束后，进入增长试验前集中实施故障改正。这时，需要对经过集中改正后的产品可靠性水平进行估计，以确定初始可靠性水平 θ_I。可以采用下列工程法进行估计：

$$\theta_I = \frac{T_0}{N - N_I d} \tag{5-23}$$

式中：T_0 为摸底试验的时间；N 为摸底试验期间发生的故障总数；N_I 为摸底试验，实施纠正措施的故障数；d 为改进有效性系数，$0 < d < 1$，需请有关技术人员和专家评定，对于新设计复杂产品，一般取 $d = 0.55 \sim 0.85$。

2. 根据纠正比和纠正措施的有效性

可靠性增长试验中所纠正的故障是系统故障，它分为 A、B 两类。因经费、技术、时间等限制，被管理预定不作纠正的故障为 A 类故障，而管理预定必须纠正的故障为 B 类故障。假设在可靠性增长试验前，其这两类的故障率分别为 λ_A 和 λ_B，此时，系统的初始故障率 λ_I 则为

$$\lambda_I = \lambda_A + \lambda_B \tag{5-24}$$

$$\lambda_I = \frac{1}{\theta_I} \tag{5-25}$$

纠正比 K 为

$$K = \frac{\lambda_B}{\lambda_A + \lambda_B} = \frac{\lambda_B}{\lambda_I} \tag{5-26}$$

由于 B 类故障并不能完全被纠正，而且还可能引入新的故障模式，因此引入改进有效性系数 d 后，则 B 类故障故障率 λ_B 被纠正之后的故障率变为 $(1-d)\lambda_B$。这样系统的故障率则为

$$\lambda_F = \lambda_A + (1-d)\lambda_B = \frac{1}{\theta_F} \tag{5-27}$$

由式(5-26)和式(5-27)得

$$\theta_I = (1 - dK)\theta_F \tag{5-28}$$

一般取 $K = 0.85 \sim 0.95$，$d = 0.55 \sim 0.85$，工程上一般取 $K = 0.95$，$d = 0.7$，故 $\theta_I = 0.335 \theta_F$。

5.2.6 确定初始试验时间

与船用柴油机初始可靠性水平的确定相对应，本节给出以下初始试验时间的确定方法。

1. 设计摸底试验

如根据 5.5.1 节的方法设计了可靠性摸底试验，试验初始时间 t_I 即为摸底试验的时间 T_0，便可以得到可靠性增长试验增长起始点 (t_I, θ_I)。该点与纵坐标的垂线即为第一试验段的计划曲线。

2. 根据首次观察到 B 类故障的概率

应用杜安模型时，从理论上需要一段过渡时间，从工程上为了验证经评审确

认的初始可靠性水平,为了给可靠性增长提供故障源,也需要一段时间。为了验证比较准确和暴露较多的故障,初始试验时间应该适当延长一些。在理想曲线上,在时间 t_I 后,在后续的试验开始前必须实施故障纠正。

由于至少要观测到一个 B 类故障之后才能对柴油机设计进行纠正,所以可根据时间区间 $(0,t_I]$ 内观测到一次 B 类故障的概率 P 来确定 t_I 的下限。假定 B 类故障的发生服从泊松过程,即

$$1 - \exp(-\lambda_B t_I) = P \tag{5-29}$$

则可以利用下列公式确定起始时间 t_I 的下限,即

$$t_I > \frac{(1-dK)\theta_F \cdot \ln\frac{1}{1-P}}{K} \tag{5-30}$$

在增长管理中,若 $P=0.9, d=0.7, K=0.95$,则有 $t_I > 0.812\theta_F$。

5.2.7 确定增长率

可靠性增长率 m 表征了产品的可靠性增长速度,同时也对总试验时间 T_F 有非常敏感的影响。增长率的大小取决于多种因素,除了包含可靠性增长的一般规律之外,还包括试验过程中对故障的发现、分析、排除的有效性以及可靠性管理水平等。

国军标对增长率 m 的取值一般在 $0.3 \sim 0.6$ 之间,m 在 $0.1 \sim 0.3$ 之间表明改正措施效果不佳;而 m 在 $0.6 \sim 0.7$ 之间则表明采取了强有力的故障分析改正措施,是增长率的极限。

在船用柴油机的可靠性增长试验中,根据以往柴油机可靠性增长试验实际数据,m 取值范围一般为 $0.35 \sim 0.42$ 之间。基于柴油机可靠性增长试验历史数据的 m 取值情况如表 5-1 所列。

表 5-1 柴油机可靠性增长率 m 的历史估计情况

柴油机可靠性增长率 m	最低值	中位值	平均值	最高值
	0.35	0.37	0.38	0.42

5.2.8 确定试验总时间

影响柴油机可靠性增长试验资源消耗量和费用的主要因素是计划曲线所确定的总试验时间。美军文件规定:在任何情况下,总试验时间不应小于 2000h。

总试验时间应根据需要和可能来确定。影响船用柴油机可靠性增长到预定目标所需总试验时间的因素很多,如产品设计的成熟度、试验前各项可靠性工作及其效果、FRACAS 的效能以及研制管理水平等。对于船用柴油机而言,可根据工

程研发实际采用如下方法进行可靠性增长总试验时间的确定。

1. 根据经验

一般情况下,当 MTBF 的要求值为 50~2000h 时,试验时间为要求值的 5~25 倍。对于要求的 MTBF 值在 2000h 以上的产品来说,试验的总时间至少是要求值的 1 倍。

可靠性增长试验一般应是定时试验,这种定时试验总时间是使现有可靠性增长到要求的可靠性所需最长的时间。在试验过程中,若没有出现故障,可以允许在另外某一固定时间截尾。例如,在 MTBF 达到 90% 的置信上限时的截尾试验,当故障数为 0 时,则试验的截尾时间可选在 MTBF 的 2.3 倍。

2. 根据杜安模型

若选取杜安模型为可靠性增长模型,在确定了初始可靠性水平 θ_I、试验初始时间 t_I、增长目标 θ_F、增长率 m 后,可以根据式(5-10)得到 t_F,即

$$t_F = t_I \left[\frac{\theta_F}{\theta_I}(1-m) \right]^{\frac{1}{m}} \qquad (5-31)$$

根据 5.2.3 绘制理想增长曲线的做法,也可以求出试验总时间。

某船用柴油机可靠性增长目标值 $\theta_F = 2000h$,增长试验前设计 2000h 摸底试验,摸底试验结束后进行集中改进后,还剩余 4 个故障未改进,假设所有改进故障的纠正有效系数均为 1,则初始 MTBF $\theta_I = 500h$,试验初始时间 $t_I = 2000h$。根据以往可靠性增长率 m 的取值情况(见表 5-1),分别计算几种 m 取值对应的试验总时间,如表 5-2 所列。四种 m 值对应的增长曲线如图 5-3 所示。可见,m 在 0.35~0.42 范围内变动时,试验时间的变动范围大致在 15000~30000h。

表 5-2 不同 m 值对应的试验总时间

柴油机可靠性增长率 m	最低值	中位值	平均值	最高值
	0.35	0.37	0.38	0.42
试验总时间 t_F	30667	24316	21830	14833

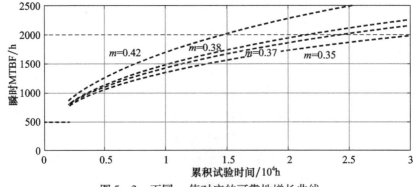

图 5-3 不同 m 值对应的可靠性增长曲线

根据上述分析,考虑到试验资源和经费的投入,确定试验总时间为18000h,对应增长率 $m = 4$。

5.2.9 试验段的划分

1. 划分的基本原则

由于柴油机可靠性增长试验周期长、投入大,为了保证柴油机可靠性有序持续增长,且便于对增长过程实施控制,通常需要将柴油机可靠性增长试验分为若干试验阶段。试验阶段的划分应遵循以下原则:

(1)在同一试验段,受试样机的试验环境与工作条件要保持不变;

(2)在试验阶段内或试验阶段结束后进入下一个阶段前,必须对 B 类故障完成纠正活动;

(3)在试验段的进入点与结束点或后一阶段进入点,必须达到增长计划的规定值;

(4)结合船用柴油机可靠性增长试验特点和实际可靠性水平,确定试验阶段的数量,增长类阶段数一般以 2～5 个为宜;

(5)通常在柴油机增长试验前期暴露出来的故障数量较多,随着不断地试验—分析—改进,故障间隔时间会随试验时间的增加而增大。划分阶段时一般做法是各阶段的试验时间逐渐增大。

2. 试验段的确定

可靠性增长试验过程是由一个个试验段紧接着排列的,所以应该将这些试验段按照研制进度,在理想增长曲线上逐一排列。之后从理想曲线上求出每一个试验段的 4 个参数,即增长起点(起始的累积试验时间,起始的累积 MTBF)和增长结束点(结束的累积试验时间,结束的累积 MTBF),为每一个试验段制定计划增长曲线提供依据。

船用柴油机可靠性增长试验可分为三个大的试验阶段:摸底试验段、增长试验段和验证试验段。摸底试验段的主要作用是在增长试验段之前,摸清增长试验的初始可靠性水平;增长试验段的主要作用是通过试验—发现—改进—再试验,暴露柴油机缺陷和故障,并加以改进,提高柴油机的固有可靠性水平;验证试验段的主要作用是在改进后进行试验以验证改进的有效性和现有可靠性水平。

摸底试验段是整个可靠性增长试验的第一试验段,可以采取延缓纠正方式或含延缓纠正方式,该试验段结束后对柴油机初始可靠性水平进行评估;增长试验段可以采取即时纠正、延缓纠正或含延缓纠正方式,每个增长试验段结束后均需完成纠正;验证试验段采取延缓纠正方式,试验段期间不进行故障纠正,待验证试验段结束后进行再集中纠正。

对于可靠性增长试验段,在已知某点的累积试验时间求可靠性水平时,可用下列公式求解:

$$\theta(t) = \theta_I \left(\frac{t}{t_I} \right)^m \frac{1}{1-m} \quad (5-32)$$

为了加强可靠性增长过程的控制,如果在增长过程的特定目标上设定可靠性验证试验,那么安排在试验段时首先要确定该试验段在增长曲线上的位置。已知特定的目标值θ_x,确定该试验段的进入点累积试验时间t_x,可用下列公式:

$$t_x = t_I \left[\frac{\theta_x}{\theta_I} (1-m) \right]^{\frac{1}{m}} \quad (5-33)$$

3. 试验段纠正方式的确定

可靠性增长试验过程中的故障纠正方式可分为三类:即时纠正、延缓纠正和含延缓纠正。

船用柴油机属于机电液一体化复杂产品,其可靠性增长过程中出现的故障往往采用延缓或含延缓的纠正方式。一般来说,对可靠性增长过程中安排的摸底试验和验证试验段往往采取延缓纠正措施。对于柴油机增长试验段,往往采取延缓纠正或含延缓纠正方式。不同的试验段根据试验性质和特点可以采取不同的纠正方式,因此柴油机的计划增长曲线是由不同纠正方式曲线的组合。

4. 试验段载荷谱的确定

在制定可靠性增长计划时,首先需要根据船用柴油机任务剖面和环境剖面,确定可靠性增长试验的基准环境条件,即基准载荷谱;然后再根据各试验段的试验目的,确定各试验段的试验载荷谱;接下来,确定各试验段的试验载荷谱对基准载荷谱的环境折合系数π,将各试验段的试验时间折合成基准载荷谱下的试验时间。

环境折合系数π为基准环境条件下的试验时间与某试验环境条件下的试验时间之比,通常通过不同环境条件下的对比试验获得。

根据船用柴油机发电及推进两类用途下的综合任务剖面,目前存在两种常用试验载荷谱——标准谱和应用谱。应用谱的功率及持续时间情况如表5-3及图5-4所示,标准谱的功率及持续时间情况如表5-4及图5-5所示。

表5-3 应用谱详情表

工况	100%	20%	85%	0%	85%	20%	110%	0%	110%	0%
试验时间/min	160	60	10	120	10	30	10	10	60	10

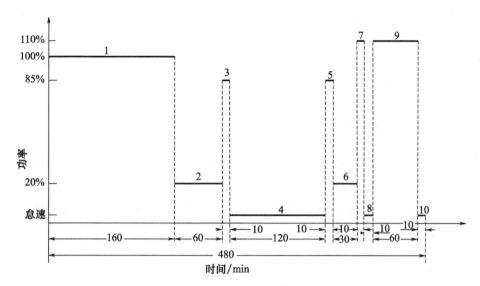

图 5-4 应用谱详情图

表 5-4 标准谱详情表

工况	100%	85%	0%	100%	0%	50%	0%	85%	110%	0%
试验时间/min	160	60	10	120	10	30	10	10	60	10

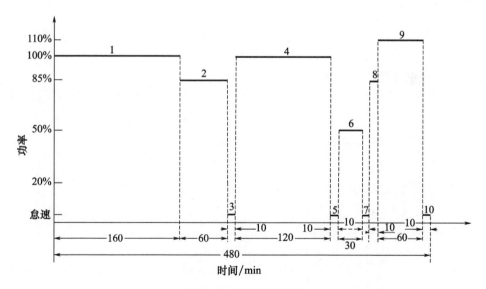

图 5-5 标准谱详情图

在两种载荷谱中,应用谱更接近船用柴油机的实际使用环境和工作载荷情况,可以确定为基准载荷谱,即环境折算系数 $\pi_1 = 1$。标准谱相对应用谱,条件更加苛刻,属于加速载荷谱。根据经验,标准谱与应用谱的环境折算系数 $\pi_2 = 1.2$。

根据试验段的目的和特点,确定各试验段所用载荷谱。对于摸底和验证类试验段,试验环境应尽量模拟所实际使用环境和工作条件,因此选取应用谱作为试验段载荷谱;对于增长类试验段,为了尽可能多地暴露出更多故障,可以选取标准谱作为试验段载荷谱。

5.2.10 计划增长曲线的建立

计划增长曲线是根据理想增长曲线的总体轮廓绘制的,是编制可靠性增长计划的一个重要工具。计划曲线中各阶段目标值以理想曲线上的对应值为基础,根据工程经验做出必要修改而得到。绘制计划曲线时,应紧密结合船用柴油机特点、研制过程特点和工程实践经验并考虑研制进度,以使可靠性增长试验的实施更高效化。

示例:某船用柴油机可靠性增长目标值 $\theta_F = 2000h$,设计 $2000h$(250 个循环)摸底试验,初始 MTBF $\theta_I = 500h$,试验初始时间 $t_I = 2000h$。拟选取可靠性增长率 $m = 0.4$,根据式(5 − 31)计算总试验时间为 $17847h$。考虑到每 $8h$ 一个试验循环,取整后最终确定试验总时间 $t_F = 17920h$(2240 个循环),根据式(5 − 17)重新计算增长率,增长率仍约等于 $m = 0.4$。接受这个增长率,得到理想增长模型:

$$\theta(t) = \begin{cases} 500 & (0 < t \leqslant 2000) \\ \dfrac{500}{0.6}\left(\dfrac{t}{2000}\right)^{0.4} & (t \geqslant 2000) \end{cases}$$

由此绘制理想增长曲线,如图 5 − 6 所示。

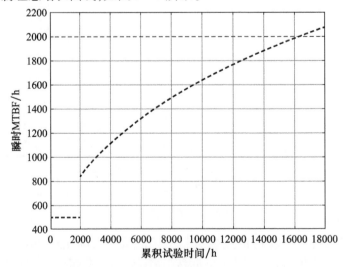

图 5 − 6 某柴油机可靠性增长理想曲线

为了加强可靠性增长过程的控制,安排三次可靠性验证试验,控制的目标值分别为 $\theta_{x1} = 1000h$, $\theta_{x2} = 1500h$, $\theta_{x2} = 1900h$,三个验证试验段均采用延缓纠正方式,试验时间均为 960h。摸底试验和验证试验载荷谱均为应用谱。

根据式(5-33), $\theta_{x1} = 1000h$ 时的累积试验时间为 $t_{x1} = 3017h$, $\theta_{x2} = 1500h$ 时的累积试验时间为 $t_{x2} = 8138h$, $\theta_{x3} = 1000h$ 时的累积试验时间为 $t_{x3} = 14513h$。考虑到每 8h 一个试验循环,只有在一个循环结束后方可进入一个新的试验段,对上述时间进行调整后,得到进入时间分别为 3016h、8136h、14512h,对应结束点累积试验时间分别为 3976h、9096h、15472h。在摸底试验与第一次验证试验、第一次和第二次验证试验、第二次和第三次验证试验以及第三次验证试验之后各安排一次增长试验,增长试验采用含延缓纠正方式,计划增长曲线如图 5-7 实线所示。

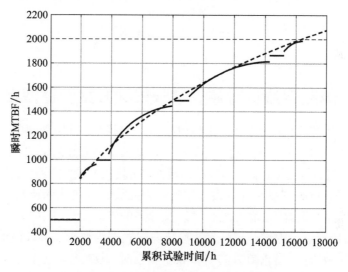

图 5-7 某柴油机可靠性增长计划曲线

5.2.11 确定试验评审点

由于柴油机可靠性增长试验时间较长,因此需要设置阶段评审点以防止试验出现失控。评审点的确定可根据需要设定,不一定按相等时间长度安排,应考虑柴油机试验循环过程,不要把评审点安排在一个试验循环过程中。另外,由于柴油机采取延缓改进措施或综合改进措施,评审点设置也应避开跳跃点。例如图 5-7 所示的增长试验,可以设计 3 个阶段评审点。考虑到柴油机试验循环(8h 一个循环),可以在 750、1500、2000 个循环进行评审,如图 5-8 所示。

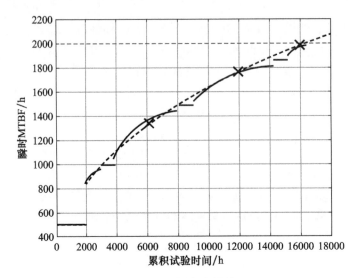

图 5-8 评审点设计

5.3 舰船柴油机可靠性增长试验方案的稳健性分析

制定可靠性增长试验方案实质上可以视为一个不确定性决策问题。为保障可靠性目标的实现,需要分析不确定性因素对可靠性增长试验方案的影响。不确定性因素影响下的柴油机可靠性增长试验方案的稳健性成为增长试验方案评价的重要指标。

可靠性增长试验方案通过可靠性增长计划曲线予以量化和反映。该曲线基于初始可靠性水平、选定的可靠性增长率以及计划的管理策略,既可以由单个平滑曲线构成,也可以逐阶段构建。当可靠性增长曲线表现为整个试验持续时间(试验里程或者试验次数)这一输入参数的严格数学函数时,其被称为理想增长曲线。若可靠性增长曲线由多个阶段性的增长计划曲线构成时,则被称为计划增长曲线。

理想增长曲线与计划增长曲线刻画了系统在整个可靠性增长试验内的预期增长情况。它能帮助管理人员确定和建立可靠性增长的阶段性目标。同时,可靠性增长曲线为监控可靠性增长试验以及试验方案调整提供了参考。试验人员在基于试验数据开展可靠性增长评估后,通过将评估结果与可靠性增长曲线相比较,可以动态监控和调整试验。因此,试验方案所确立的可靠性增长曲线成为可靠性增长试验的准绳。

作为被广泛用于可靠性增长模型,AMSAA 模型在构建可靠性增长曲线的过程中需要确定四个关键参数。它们分别是:①可靠性增长试验实施前系统所达到或具备的可靠性水平——初始可靠性;②系统可靠性增长试验预期实现的可靠性水平——目标可靠性;③可靠性增长试验持续时间;④可靠性增长率。然而,实践中上述参数的确定往往受到多种不确定性的影响。例如,系统初始可靠性水平的确定往往受制于样本数和试验时间等的限制,难以精确获取初始可靠性水平。系统可靠性增长率的确定目前尚无明确规范的方法,在实践中其取值多是基于历史经验而确定,无疑具有较大的主观性。

传统的确定性增长模型将相关模型参数视为确定值,当参数值波动或者变化时,不可避免地导致系统预期可靠性水平出现波动,从而使得规划的增长方案难以适应实际应用中存在的不确定性影响。因此,全面分析可靠性增长方案的不确定性因素,建立一个可靠性增长方案稳健性评价机制,帮助管理人员确立稳健的可靠性增长方案,以使系统可靠性增长目标能在各种不确定性影响因素下如期实现,成为可靠性增长管理人员需要解决的现实问题。

5.3.1 稳健性建模

设柴油机可靠性增长试验的目标 MTBF 为 θ_F,一个成功的基于式(5-12)的可靠性增长试验方案依赖于下列参数 θ_I、t_I 和 m。本节将讨论可靠性增长试验方案的稳健性,即各可靠性增长试验方案所能允许的不确定性变量的最大波动范围。通过融合信息差理论的稳健性函数与 AMSAA 增长模型,推导可靠性增长试验方案稳健性函数,建立可靠性增长试验方案的评价机制。

1. 决策变量

在可靠性增长试验方案中,试验时间 t_F 反映了为实现可靠性增长目标所需的试验资源,不同的试验时间代表了不同的试验方案。因此可靠性增长试验方案的决策变量定为可靠性增长试验时间 t_F。需要指出的是,t_F 通常是一个连续变量,且在实际方案中的上限受到研制进度与经费等的约束。

2. 不确定性变量

在可靠性增长试验方案中的不确定性变量主要有:初始 MTBF θ_I,初始试验时间 t_I,以及可靠性增长率 m。

可靠性增长率 m 决定了修正措施带来的可靠性增长量。目前,可靠性增长率的确定尚无规范的方法,其取值多来源于经验数据。为保守起见,通常取经验值中的较低值。因此,本报告视 m 为确定性变量。

设 θ_I 与 t_I 为不确定性变量,采用信息差理论中不确定性变量的表达方式,将其记为 $u = (u_1, u_2) = (\theta_I, t_I)$。设权重参数 $w = (w_1, w_2) = (1,1)$,u 的相对误差模型 $U(h, \tilde{u})$ 为

$$U(h, \tilde{u}) = \left\{ u : \frac{|u - \tilde{u}|}{|\tilde{u}|} \leq h \right\}, h \geq 0 \qquad (5-34)$$

式中,$\tilde{u} = (\tilde{u}_1, \tilde{u}_2) = (\tilde{\theta}_I, \tilde{t}_I)$;$h$ 为不确定性水平。然而,当取 u 负数值时,没有实际意义,因此需要对 u 施加约束使其在式中为正值。对 $U(h, \tilde{u})$ 进行改进,记改进后的模型 $I(h, \tilde{u})$ 为

$$I(h,\tilde{u}) = \{u : 0 < (1-h)\tilde{u} \leq u \leq (1+h)\tilde{u}\} \quad (5-35)$$

3. 收益函数

可靠性增长试验方案的收益函数 $R(t_F,u)$ 将决策变量 t_F 与不确定矢量 u 映射到可靠性测度——平均无故障工作时间 θ。当 m 一经确定，则可根据式(5-12)求得回报函数为

$$R(t_F,u) = \theta(t) = \frac{\theta_I}{(1-m)}\left(\frac{t_F}{t_I}\right)^m, t_F > t_I \quad (5-36)$$

上式表明，$R(t_F,u)$ 与 θ_I 间呈正相关关系，$R(t_F,u)$ 与 t_I 间呈负相关关系。

4. 性能阈值

可靠性增长试验方案的性能阈值通常由可靠性增长方案的预期可接受的最低可靠性水平决定。因此，在柴油机可靠性增长试验方案中，性能阈值取为柴油机可靠性增长的目标 MTBF，即 $r_c = \theta_F$。θ_F 的确定可以参考研发合同要求或者项目里程碑节点要求。

5. 稳健性函数

可靠性增长试验方案的稳健函数表征了试验方案在保障试验收益达到预期的条件下能够允许的不确定参数围绕其估计值的变动幅度，为试验方案提供了稳健性测度。可靠性增长试验方案只有在保证在不确定性因素影响下的最小预期收益 $\min\theta(t)$ 达到或超过可靠性增长阈值 θ_F 时才是可行方案。因此，稳健函数可通过求解下式的优化问题获得。

$$\hat{h}(t_F,r_c) = \hat{h}(t_F,\theta_F) = \max\{h \geq 0 : \min R(t_F,u) \geq \theta_F, \forall u \in I(h,\tilde{u})\} \quad (5-37)$$

上式表明 $\hat{h}(t_F,r_c)$ 的取值为最大的不确定性水平 $h_{\max}$。将式(5-35)和式(5-36)代入式(5-37)，可以得出其值为式(5-38)的解，有

$$\frac{1-h_{\max}}{(1+h_{\max})^m} = \frac{\theta_F(1-m)}{\tilde{\theta}_I}\left(\frac{\tilde{t}_I}{t_F}\right)^m \quad (5-38)$$

上式的证明如下：

根据稳健函数 $\hat{h}(t_F,r_c)$ 的定义，变式(5-37)为形如式(5-39)的优化模型

$$\text{obj. } \hat{h}(t_F,r_c) = \max h$$

$$\text{st. min} \begin{array}{l} \frac{\theta_I}{(1-m)}\left(\frac{t_F}{t_I}\right)^m \geq \theta_F \\ 0 < (1-h)\tilde{\theta}_I \leq \theta_I \leq (1+h)\tilde{\theta}_I \\ 0 < (1-h)\tilde{t}_I \leq t_I \leq (1+h)\tilde{t}_I \\ h \geq 0 \end{array} \quad (5-39)$$

式中：obj. 表示目标函数；st. 表示约束条件。

如前所述，m 为确定性参数并且小于1的正实数。最小收益 $\min R(t_F,u)$ 当且仅当 θ_I 和 t_I 分别等于 $(1-h)\tilde{\theta}_I$ 和 $(1-h)\tilde{t}_I$ 时获得。进一步考虑 $\min R(t_F,u) \geq \theta_F$，得

$$\frac{(1-h)\tilde{\theta}_I}{(1-m)}\left(\frac{t_F}{(1-h)\tilde{t}_I}\right)^m \geq \theta_F \qquad (5-40)$$

求解上式,不难得到 $h_{\max}$ 应满足式(5-38),从而得证。

当 $h \geq 1$ 时,$\min R(t_F, u)$ 为零。此时,$\min R(t_F, u)$ 小于 θ_F。该条件违反了稳健函数中 $\min R(t_F, u)$ 不小于 θ_F 的约束条件。因此,作为稳健性测度的不确定性水平 h 应小于 1。

5.3.2 应用示例

通过信息差稳健性函数对柴油机可靠性增长试验方案进行评估,同时将信息差分析结果与最坏情况分析结果相比验证方法的有效性。

1. 稳健性分析

表 5-5 列出了可靠性增长试验方案参数的相关信息。给定 $\tilde{\theta}_I$、$\tilde{t}_I$、m 的保守估计和性能阈值 θ_F,就可根据式(5-38)建立柴油机增长试验方案的稳健性函数。此外,受预算约束,试验总时间设定为不超过 40000h。

表 5-5 柴油机可靠性增长试验方案的参数情况

参数	估计值	属性
初始 MTBF θ_I	500h	不确定性变量
初始试验时间 t_I	2000h	不确定性变量
增长目标 MTBF θ_F	2000h	性能阈值
可靠性增长率 m	0.4	确定性变量

将表 5-5 中的数据带入式(5-40)绘制不同试验里程方案的稳健性,如图 5-9 所示。图中横轴表示可靠性增长试验方案的试验时间,纵轴表示试验方案的稳健性,也即该方案所能允许的相对 $\tilde{\theta}_I$ 和 $\tilde{t}_I$ 的最大相对误差。

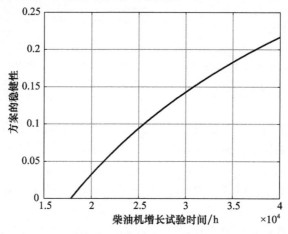

图 5-9 柴油机不同可靠性增长试验方案的稳健性分析

图 5-9 表明:如果试验方案试验时间小于 17869h,则该试验方案不能实现既定的可靠性增长目标,即该试验方案最终实现的可靠性不能达到性能阈值。此外,17869h 的试验方案虽然可以实现可靠性增长目标,但该方案不允许存在估计偏差,即此时不允许有丝毫波动。若存在偏差,就不能一定保证可靠性增长方案实现预期目标。图 5-9 也清晰地表明,随着试验方案的试验时间的增加,方案所能容许的波动范围越大,此时方案的稳健性越强。这也即意味着试验方案随着试验时间的增加允许具有更大的不确定性。由于信息差理论的稳健性函数保证最低收益不小于 θ_F,因此,更大的试验时间方案也为获得更大的收益提供了更多机会。

2. 最坏情况分析

传统的稳健决策方法建立在不确定性分析下的最坏情况基础上,其决策往往取决于对最坏结果的分析与确定。在最坏情况分析中,决策者通常考虑一组备选方案,并确定每个方案在不确定性因素影响下系统可能出现的最坏情况。最后按照最坏情况对备选方案进行排序,并选择相较于决策空间中其他任何方案,其决策结果更优的方案。最坏情况分析法的优势在于,它明确了各方案下预期的最坏结果,且无须为最坏情况出现的可能性指定概率。

为了与信息差理论模型进行比较,下面采用最坏情况分析来评估不同试验方案的稳健性。在最坏情况分析下,这些不确定参数需要通过不确定性理论予以表征,如概率论、区间分析和模糊理论。本报告利用均匀分布随机变量对不确定变量进行表征。表 5-6 给出了 θ_I, t_I 的范围以及 m 与 θ_F。

表 5-6 柴油机可靠性增长试验方案的参数取值范围

参数	估计值	属性
初始 MTBF θ_I	[400h,600h]	不确定性变量
初始试验时间 t_I	[1500h,2500h]	不确定性变量
增长目标 MTBF θ_F	2000h	性能阈值
可靠性增长率 m	0.4	确定性变量

假定 θ_I 和 t_I 为在其各自范围内服从均匀分布,对于每个试验方案,需要分析该方案下预期可靠性增长的情况,将方案的最坏情况定义为方案预期收益的最低值。

蒙特卡洛方法是一种非常有效的计算方法,当采样样本量足够大时,其计算误差能够满足精度要求。但传统的蒙特卡洛抽样方法在随机采样中并不考虑先前生成的样本点,随机生成的样本点可能发生积聚现象。因而,传统蒙特卡洛通常需要大量样本才能获得良好的精度,改进采用策略以提高精度是蒙特卡洛技术的关键。拉丁超立方体采样(Latin Hypercube Sample,LHS)是一种广泛使用的生成受控随机样本的方法。该方法的基本思想是使采样点均匀分布在抽样概率密度函数上,可以大大减少获得合理准确结果所需的抽样次数。一维随机变量的 LHS 原理图如图 5-10 所示。图中的实心圆点代表所生成的样本点。

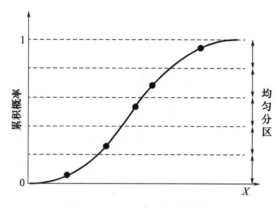

图 5-10　一维 LHS 示意图

假设需要从随机变量 X 中生成一个容量为 n 的随机样本集。LHS 首先需要确定抽样样本容量 n。然后,将(0,1)的累积概率分布函数(Cumulative Distribution Function,CDF)等分为 n 个均匀间隔。最后从这 n 个均匀间隔生成 n 个样本。

当随机变量 X 服从均匀分布,且其分布范围为 $(0,K)$ 时,LHS 抽样简化为从 $(0,K/n)$ 之间的间隔中抽样生成第一个样本点。第二个样本点来自间隔 $(K/n, 2K/n)$,第三个样本点来自 $(2K/n,3K/n)$,其余样本点依此类推。在每个间隔中随机生成一个样本点,最终获得 n 个样本。

二维 LHS 如图 5-11 所示。假设 X_1 和 X_2 这两个变量相互独立,则按照一维 LHS 方法分别生成 X_1 和 X_2 的一维随机样本。再对这些样本进行随机组合即可获得二维随机样本。

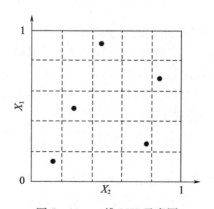

图 5-11　二维 LHS 示意图

采用 LHS 模拟,在进行 100000 个样本采样后,不同试验方案预期的 MTBF 收益如图 5-12 所示。图中给出了各试验方案对应预期收益的最小值、最大值、中位数及上下四分位数。

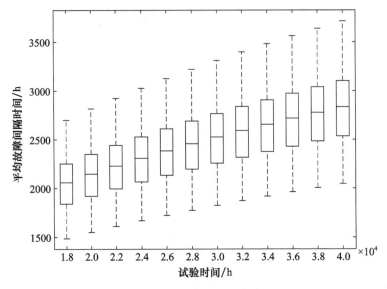

图 5-12 试验方案收益箱型图

试验方案的稳健性可由与方案预期收益最坏情况（MTBF 的最低值）间的差异来评估。此外，当不确定性参数具有概率属性时，另一个常用的稳健性判别准则为方案预期的 MTBF 超过的概率。此概率越大，则该方案的稳健性越强。

从目标 MTBF 与方案最坏情况间的差异角度来看，图 5-12 表明试验方案的试验时间越大，该方案可实现的最低 MTBF 越高。从概率角度看，方案预期可能实现的 MTBF 超过目标 MTBF 的概率也随着方案试验时间的增加而增大。

3. 比较研究

信息差理论与最坏情况分析方法都将试验时间视为决策变量，并对设置相同的限制，即小于 40000h。信息差理论与最坏情况分析方法都表明，增大试验时间可以导致更加稳健的决策。然而，两种方法之间存在明显的区别。信息差理论中稳健性依赖于稳健条件的构建。它作出稳健决策的出发点基于在满足性能要求的前提下，不确定变量的估计能够承受多大的偏差。因此，信息差理论的稳健性仅需要确定不确定变量的初始估计值，且无须对系统最坏情况做出分析。

相反，最坏情况分析方法侧重于不确定性影响因素下的试验方案预期可能实现的目标最低值的判断。最坏情况的分析要求对不确定性进行量化并进行不确定性的传播。信息差理论仅需要对参数进行初始估计，而最坏情况分析方法往往需要确定详细刻画参数的不确定性。这也就意味着，最坏情况分析方法需要比信息差理论更多的信息输入。

5.4 舰船柴油机可靠性增长试验过程的跟踪、控制和调整

5.4.1 试验的跟踪

在制定了计划增长曲线后,在柴油机可靠性增长过程中,应该逐次逐段对各试验段进行跟踪。跟踪的方法与纠正方式有关。

1. 即时纠正试验段的跟踪

即时纠正试验段的跟踪分为试验段内的跟踪和试验段结束时的评估两部分。试验段内的跟踪通常用图形法,试验段结束时的评估既可用图估法也可以用统计分析法。

1)试验段内的跟踪

在双对数坐标纸上,以累积试验时间为横坐标、以累积 MTBF 为纵坐标,将该试验段的计划长曲线画在坐标纸上。

试验中每发生一个故障,无论是 A 类故障还是 B 类故障,都按下列方法做一遍。

(1)记录故障发生时的累积故障数 $N(t_i)$ 及累积试验时间 t_i(注意这里的累积都是从本试验段起始点开始计算的)。

(2)按照 $\theta_r(t_i) = t_i/N(t_i)$ 计算柴油机在 t_i 时刻的累积 MTBF。

(3)将 $\{t_i, \theta_r(t_i)\}$ 在双对数坐标纸上描点。

(4)当累积了足够的数据点后,把这些点拟合成一条直线,这条直线就是柴油机当前可靠性增长跟踪曲线。随着数据点增多,不断地更新跟踪曲线。

(5)根据增长控制的需要,把当前的跟踪曲线延长到试验阶段结束点的累积试验时间处,跟踪曲线在该处的纵坐标值就是外推预测值。

2)试验段结束时的跟踪

试验段结束时,根据全部故障数据绘制整个增长过程的跟踪曲线,跟踪曲线的斜率即为增长率 m 的评估值 $\hat{m}$。此跟踪曲线的延长线在试验段结束处的纵坐标值即为试验段结束时累积 MTBF 的验证值,它被 $(1-\hat{m})$ 除后的商即为试验结束时的瞬时 MTBF 的验证值。

试验段结束时,可以对增长数据进行统计分析,主要内容包括:

(1)对试验数据进行增长趋势检验,即根据已获数据来判断本试验段可靠性有无明显增长;

(2)对试验数据用 AMSAA 模型进行拟合优度检验,若符合 AMSAA 模型,则可进行 AMSAA 模型的参数估计,包括点估计和区间估计;

(3)估计试验段结束时的瞬时 MTBF 验证值,包括点估计和区间估计,并与该试验段结束时的 MTBF 阶段目标值进行比较,若 MTBF 验证值 ≥ MTBF 阶段目标值,则可进入下一个试验段。

2. 延缓纠正试验段的跟踪

采取延缓纠正方式时,柴油机在试验段内出现的故障只作记录不作纠正,因此其可靠性是维持在同一个水平上的,只有在试验段结束时采取了纠正措施后才会产生"跳跃"。设该试验段的试验时间为 T^*,柴油机的可靠性验证值 $\theta_D(T^*)$ 即延缓纠正预测值 $\theta_{PD}(T^*)$ 可以按下述方法进行估计。

柴油机在试验段的试验时间 T^* 内出现的 A 类故障为 K_A 次,B 类故障为 $K_B = \sum_{i=1}^{M} K_i$ 次,M 为 B 类故障的种类数,则柴油机在该试验段内的可靠性验证值为

$$\theta_D(T^*) = T^*/(K_A + K_B) \tag{5-41}$$

采取纠正措施后,若对 B 类故障的单个纠正有效性系数为 d_i,总体纠正有效性系数为 d,则其延缓纠正预测值可按如下公式进行估计:

$$\theta_{PD}(T^*) = T^*/\left(K_A + \sum_{i=1}^{K}(1-d_i) + M\bar{b}d\right) = T^*/(K_A + K_B(1-d) + M\bar{b}d) \tag{5-42}$$

式中:$\bar{b}$ 为 M 种 B 类故障的首次故障时间按 AMSAA 模型进行估计后,其形状参数 b 的估计值。

3. 含延缓纠正试验段的跟踪

含延缓纠正试验段的跟踪可分为两部分进行。在试验段内采用即时纠正的跟踪方式;在试验段结束时的验证值用即时纠正方式中的方法进行估计,跳跃后的可靠性值用延缓纠正预测值进行估计。

4. 实际纠正比与纠正有效性系数的估计

实际纠正比只在延缓纠正方法试验段时估计,公式如下:

$$\overline{K_\lambda} = K_B/(K_A + K_B) \tag{5-43}$$

估计纠正有效性系数,需要有两个相邻试验段的试验数据,可以用如下公式来估计纠正有效性系数:

$$\bar{d} = [\bar{\lambda}_A + \bar{\lambda}_B - \bar{\lambda}_{\text{next}}]/(\bar{\lambda}_B - \bar{h}(T)) \tag{5-44}$$

式中:$\bar{\lambda}_A$、$\bar{\lambda}_B$ 为由前一个试验段得到的 A 类故障率和 B 类故障率;$\bar{h}(T) = M\bar{b}/T$,M 为前一个试验段 B 类故障的种类,$\bar{b}$ 为 M 种 B 类故障首次故障时间的 AMSAA 形状参数的估计值;$\bar{\lambda}_{\text{next}} = N'/T'$ 为后一试验段的累积关联故障数,T' 为后一试验段的试验时间。

5.4.2 试验的控制

柴油机可靠性增长试验过程的控制是通过计划增长曲线与跟踪曲线的对比分析来实现。只要实际达到的可靠性增长曲线与试验计划曲线之间呈现出下列三种特性之一时,就可以认为可靠性增长试验是有效果的:

① 所画的观测的 MTBF 值处于试验计划曲线上方；
② 最佳拟合线与试验计划曲线吻合或在试验计划曲线上方；
③ 最佳拟合线前段低于试验计划曲线,但最佳拟合线从试验计划曲线与要求 MTBF 水平线的交点左侧穿过要求的 MTBF 水平线。

否则,就可以认为试验不可能达到计划的可靠性增长,应制定一个改正措施方案。

可靠性增长控制的主要任务是：及时地控制增长率；对跟踪增长过程中发生的情况做出决策与处置。

可靠性增长过程中最常见的情况是实际增长率低于计划的增长率。一种情况是即时纠正方式下,试验段结束时外推预测值低于计划值；另一种是在延缓纠正方式下,延缓纠正预测值低于下一个试验段进入点的计划值。在这种情况通常都需要通过提高纠正比、提高纠正有效性系数等措施来提高柴油机可靠性增长速度。

1. 提高纠正比

纠正比的大小与 A 类故障和 B 类故障的划分有关。当柴油机增长速度不足时,需要重新划分两类故障,将原来划分为 A 类故障的某些故障再纳入 B 类故障中来,减少 A 类故障,增加 B 类故障,就可以提高纠正比,从而增大增长潜力,从而促进可靠性增长目标的实现。

2. 提高纠正有效性系数

纠正有效性系数反映了对柴油机故障纠正的效果,通过提高纠正有效性系数可以增大增长潜力,从而促进可靠性增长目标的实现。

5.4.3 试验的调整

计划增长曲线是进行可靠性增长跟踪和控制的依据。在柴油机可靠性增长过程中,努力实现计划曲线中规定的既定增长目标。但是当计划增长曲线存在严重不合理的情况时,应对计划增长曲线进行合理的调整。调整内容如下：
（1）本试验段或后面的某些试验段是否需要增加试验时间；
（2）是否需要追加试验项目；
（3）是否要求调整后续试验的增长率。

5.5 舰船柴油机多阶段可靠性增长试验方法

目前最常用的 Duane 模型和 AMSAA 模型都属于幂律型模型,认为整机或系统级产品可靠性增长过程符合幂律规律,即瞬时 $\mathrm{MTBF}\theta(t)$ 与累积试验时间 t 的关系为

$$\text{Duane 模型}: \theta(t) = \frac{t^m}{(1-m)a}$$

AMSAA 模型：$\theta(t) = \dfrac{t^{1-b}}{ab}$

其中 Duane 模型中的参数 m 与 AMSAA 模型中的参数 b 之间的关系为：$m + b = 1$。两者的区别是 Duane 模型是确定型模型，而 AMSAA 是随机型模型。

两者都存在一个共同的缺点：模型表达式在 $t \to 0$ 和 $t \to \infty$ 时，瞬时 MTBF 分别趋向零和无穷大，与实际工程不符。

为了解决这一缺陷，杜安－AMSAA 模型通过平均化增长曲线直接赋予一个计划曲线一个初始点：试验初始 MTBF θ_I 和初始试验时间 t_I，即

$$\theta(t) = \begin{cases} \theta_I & (0 < t \leq t_I) \\ \theta_I \left(\dfrac{t}{t_I}\right)^m \dfrac{1}{1-m} & (t \geq t_I) \end{cases} \quad (5-45)$$

由此可见，绘制基于杜安－AMSAA 模型的可靠性增长计划还需要确定这两个关键初始值。

5.5.1 舰船柴油机多阶段可靠性增长模型

船用柴油机多阶段可靠性增长模型是一种基于改进的幂律模型的可靠性增长模型。与以前幂律模型的主要区别就是该模型为增长计划前的活动也赋予了一个增长过程，与杜安－AMSAA 模型的区别如图 5－13 所示。这意味在没有产品设计时产品的 MTBF 为 0，通过该计划前增长过程到增长试验开始时，即 $t = 0$ 时刻产品的 MTBF 提高为 θ_I。通过这种方式，该模型可以很好地解决杜安－AMSAA 模型的缺点——$t \to 0$ 时 MTBF$\to 0$。例如 5.2.10 例子，利用本节模型所建立的理想曲线如图 5－13 绿色实线所示。

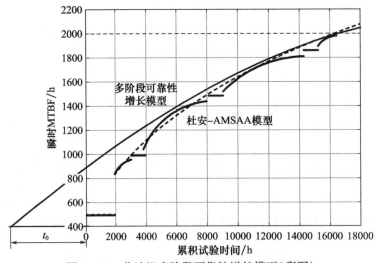

图 5－13　柴油机多阶段可靠性增长模型（彩图）

设该计划前增长时间长度为 t_0，则理想可靠性增长曲线成为 $t+t_0$ 的函数，即

$$\theta(t) = \frac{(t+t_0)^m}{a(1-m)} = \frac{\theta_I(t+t_0)^m}{t_0^m} \qquad (5-46)$$

该模型中有三个参数：θ_I、m 和 t_0。由于 t_0 没有具体的物理含义，因此可以根据增长目标值 θ_F 确定 t_0，具体方法如下：

θ_F 为理想增长曲线在试验结束时 t_F 的 MTBF，即

$$\theta_F = \theta(t_F + t_0) = \frac{\theta_I(t_F+t_0)^m}{t_0^m} \qquad (5-47)$$

由式(5-47)可以得到

$$\frac{\theta_F}{\theta_I} = \frac{(t_F+t_0)^m}{t_0^m} \rightarrow \sqrt[m]{\frac{\theta_F}{\theta_I}} = \frac{t_F+t_0}{t_0} = 1 + \frac{t_F}{t_0} \rightarrow t_0 = \frac{t_F}{\sqrt[m]{\frac{\theta_F}{\theta_I}}-1} \qquad (5-48)$$

将式(5-48)代入式(5-46)有

$$\theta(t) = \theta_I \frac{\left(t + \frac{t_F}{\sqrt[m]{\frac{\theta_F}{\theta_I}}-1}\right)^m}{\left(\frac{t_F}{\sqrt[m]{\frac{\theta_F}{\theta_I}}-1}\right)^m} = \theta_I \left[1 + \frac{t}{t_F}\left(\sqrt[m]{\frac{\theta_F}{\theta_I}}-1\right)\right]^m \qquad (5-49)$$

5.5.2 舰船柴油机多阶段可靠性增长计划

根据模型(5-49)，要制定可靠性增长计划，需要确定四个参数，θ_I、m、θ_F 和 t_F。其中参数 θ_I、m 可以根据以往类似柴油机可靠性增长试验历史数据估计而来，详见表5-7和表5-8。θ_F 可根据合同或任务书要求的 MTBF 值确定。t_F 可以根据经验获得，即试验时间为 MTBF 要求值的 5～25 倍。对于柴油机来说，试验的总时间至少是要求值的 5 倍。

表 5-7 参数 m 的估计

柴油机 m 的历史 数据统计值	最低值	中位值	平均值	最高值
	0.35	0.37	0.38	0.42

表 5-8 参数 θ_I 的估计

柴油机 θ_I 的 历史数据统计值 （占 θ_F 的百分比）	最低值	中位值	平均值	最高值
	15%	27%	30%	47%

5.5.3 舰船柴油机多阶段可靠性增长跟踪

模型(5-49)不仅可用于可靠性增长计划,还可用于可靠性增长跟踪、预测和验证。为了减少增长分析的不确定性,可靠性增长分析的过程增加一些额外的信息,例如各阶段出现故障的改进完成时间 t_i,该信息的加入使得各阶段试验样机的可靠性特征与理想可靠性增长曲线关联起来,从而能够更好地分析柴油机可靠性增长过程。

多阶段可靠性增长试验数据表格如表 5-9 所列。

表 5-9 多阶段可靠性增长试验数据表

增长试验阶段	改进完成时间	试验段的持续时间	观察到的故障数
1	t_1	T_1	N_1
2	t_2	T_2	N_2
⋮	⋮	⋮	⋮
i	t_i	T_i	N_i
⋮	⋮	⋮	⋮
n	t_m	T_m	N_m

可靠性增长分析的第一步就是似然函数的建立。在给定第 i 个试验段改进完成时间 t_i、阶段持续时间 T_i 和理想增长曲线 (θ_I, θ_F, m) 的条件下,在第 i 个试验段发生 N_i 个故障的概率服从泊松分布,即

$$f(N_i|t_i,T_i,\theta_I,\theta_F,m) = \frac{T_i^{N_i} \exp\left[\frac{T_i}{\theta_I\left[1+\frac{t_i}{t_F}\left(\sqrt[m]{\frac{\theta_F}{\theta_I}}-1\right)\right]^m}\right]}{N_i!\,\theta_I\left[1+\frac{t_i}{t_F}\left(\sqrt[m]{\frac{\theta_F}{\theta_I}}-1\right)\right]^{mN_i}} \quad (5-50)$$

在试验数据 $E = [N_1, \cdots, N_n; T_1, \cdots, T_n; t_1, \cdots, t_n]$ 的条件下,由式(5-50)可以得到似然函数为

$$\begin{aligned}
L(E \mid \theta_I, \theta_F, m) &= \prod_{i=1}^n f(N_i \mid t_I, T_i, \theta_I, \theta_F, m) \\
&= \frac{1}{\theta_I^{nm}} \prod_{i=1}^n \frac{T_i^{N_i} \exp\left[\frac{T_i}{\theta_I\left[1+\frac{t_i}{t_F}\left(\sqrt[m]{\frac{\theta_F}{\theta_I}}-1\right)\right]^m}\right]}{N_i!\left[1+\frac{t_i}{t_F}\left(\sqrt[m]{\frac{\theta_F}{\theta_I}}-1\right)\right]^{mN_i}}
\end{aligned} \quad (5-51)$$

基于贝叶斯理论,可以得到模型参数的验后分布:

$$\pi_1(\theta_I,\theta_F,m\mid E) = \frac{L(E\mid \theta_I,\theta_F,m)\pi_0(\theta_I,\theta_F,m)}{\iiint L(E\mid \theta_I,\theta_F,m)\pi_0(\theta_I,\theta_F,m)} \qquad (5-52)$$

式中：$\pi_0(\theta_I,\theta_F,m)$ 为可靠性增长多阶段模型参数的联合验前分布，反映了试验前对模型参数的认识；$\pi_1(\theta_I,\theta_F,m\mid E)$ 为模型参数的联合验后分布，反映了在获得数据 E 后对参数的进一步认识。

由于式(5-52)的联合分布函数比较复杂，很难得到验后分布的解析解，在这种情况下，可以利用数值法、马尔可夫链仿真法(MCMC)对式(5-52)进行求解。

通过上述方法可以实现柴油机可靠性增长过程的跟踪和预测。

第6章 舰船柴油机整机可靠性增长评估方法

6.1 概 述

6.1.1 可靠性增长评估研究现状

可靠性增长定量化的研究是随着可靠性增长模型的提出及其在增长试验中的应用而发展起来的。1962年,杜安发表了一篇报告,分析了五种设备(两种航空发电机,一种喷气发动机,两种液压装置)的近600万小时的失效数据,发现这些设备的累积失效率与累积试验时间在双对数坐标纸上呈现很好的线性关系,总结形成了杜安经验模型。这是可靠性增长技术发展过程中第一个重要的里程碑。1969年3月,美国国防部颁布军用标准 MIL-STD-785A《系统设备研制与生产的可靠性大纲》,首次将可靠性增长作为必须进行的一项可靠性工作。1972年,曾在美军装备系统分析中心(Army Materiel System Analysis Activity)工作的 L. H. Crow 在杜安模型的基础上提出了一个新模型,称之为 AMSAA 模型或 Crow 模型。AMSAA 模型与杜安模型的故障数均值公式完全相同,但 AMSAA 模型则进一步给出了杜安模型的概率解释。Crow 发展了单台系统可靠性增长的严格统计方法,包括参数及系统 MTBF 的总估计、系统的 MTBF、形状参数的置信区间及模型的拟合优度检验方法。该模型也先后被美国军用手册 MIL-HDBK-189、MIL-HDBK-338 和 MIL-HDBK-781 所采用,接着又被国际电工委员会(IEC)所引用。接下来,各种可靠性增长模型陆续被提出来,到目前为止,已经有几十个增长模型被应用到可靠性工程之中。如美军标 MIL-IDBK-189,按照离散型增长模型和连续型增长模型的分类方法,总共给出了17个增长模型(其中离散型8个,连续型9个)。分析这些模型,其中大部分是按照类似杜安模型的研究思路构造出来的,即分析具体产品的增长试验数据,从中总结出规律,然后提出增长模型。此外,还有一部分是从其他学科领域的实践中总结出增长规律,提出增长模型,然后"引进"到可靠性工程增长领域。如生物学中描述细胞繁殖增长规律的甘培茨(Gompertz)模型;再如,20世纪90年代以来研究较多的非参数增长模型(增长模型也可以分为参数和非参数增长模型)则是借鉴了经济学领域中分析经济增长趋势的方法而得来的。另外,还有的模型,用"大胆假设"的方法来主观地假设增长过程,然后在此基础上推导出增长的数学模型,当然,这需要以后有更多合适的试验数据来支持这些假设。1981年2月,美国国防部颁布军用手册 MIL-HDBK-189《可靠性增长管理》,为订购方和承制方提供了可靠性增长管理的程序,建议使用 Duane 模型进行可靠性增长试验计划的制定,使用 AMSAA 模型或杜安模型对可靠性增长情况进行评估。1989年10月,IEC 颁布了国际标准 IEC 61014《可靠性增长大纲》,规定了编制可靠性增长大纲的要求和导则,阐明了可靠性增长的概念以及可靠性增长管理、计划、试验、失效分析和改进技术。1995年6月,IEC 颁布了 IEC 61164《可靠性增长——统计试验与评估方法》,给出基于单台产品失效数据进行可靠性增长评估的 AMSAA 模型和数值计算方法,包括产品的可靠性增长的点估计、区间估计以及拟合优度检验。2006年,IEC 对 IEC 61164 进行修订,颁布了第二版。

我国在20世纪70年代开始可靠性增长技术的研究。早期可靠性增长技术在我国主要集中在学习和消化国外已有增长模型,在此基础上提出新的增长模型以及研究参数估计和统计判断方法等方面。近年来,则更多地集中在可靠性增长管理和增长试验过程中的模型应用。如华东师范大学的周延昆教授就是较早开始研究可靠性增长理论的学者之一。他不仅对杜安模型、AMSAA 模型的统计分析进行了研究,而且把两个模型应用在电视机的可靠性增长试验上,并于1985年发表了"EDRIC 模型分析系统设计中的可靠性增长"的应用报告。北京强度环境研究所的周源泉和翁朝曦高级工程师是我国较早开展可靠性增长理论和应用研究的另外两位专家。他们最大的贡献就是在 AMSAA 模型的基础上提出了更有普遍意义的 AMSAA-BISE 模型,该模型解决了 Crow 十几年来想解决而没有解决的多台同步可靠性增长模型及数据处理问题,包括趋势检验、模型拟合优度检验、模型参数及系统 MTBF 的点估计和区间估计、分组数据及丢失数据的统计推断,以及第 r 次未来失效的预测区间等问题。另外,周源泉等专家还对加速可靠性增长试验相关理论和技术进行了系统的研究。1988年,颁布了国家军用标准 GJB 450《装备研制与生产的可靠性通用大纲》,规定了军用系统和产品在研制与生产阶段的可靠性通用要求和工作项目,其中工作项目302对可靠性增长试验规定了专门要求。1992年7月,颁布了 GJB 1407《可靠性增长试验》,规定了可靠性增长试验的要求和方法,提供了可靠性增长试验的 Duane 图分析法和 AMSAA 统计分析法的方法和程序。1995年10月,颁布了 GJB/Z 77《可靠性增长管理手册》。由于我国可靠性增长试验起步较晚,目前还存在一些技术和管理上的问题需要解决。

目前,工程上广泛应用的可靠性增长评估方法大部分都是基于可靠性增长试验故障数据,如基于杜安模型和 AMSAA 模型的可靠性增长评估方法,而基于其他数据——如试验期间监测到的性能数据、试验前的零部件试验数据、整机性能试验或其他试验数据等的评估方法则很少。

6.1.2 舰船柴油机可靠性增长试验及评估特点

柴油机主要包括推进动力和辅助发电两种用途。柴油机是由传动机构、配气机构、曲柄连杆机构、燃油供给系统、润滑系统、冷却系统、起动系统等构成的复杂系统。产品具有结构复杂、使用环境和工况条件复杂多变、技术性能指标随工况变化而变化等特点。

柴油机可靠性增长试验是指在柴油机样机开发和试生产阶段,制定的严谨的试验过程,以此来找出运行时潜在的可靠性问题,一旦在试验中发现这些问题,就需要对其进行系统地解决,并采取整改措施加以改进或消除。

柴油机可靠性增长试验特点包括:

(1) 试验载荷谱为变工况循环图谱。

为了模拟柴油机实际使用环境和工况条件,柴油机可靠性增长试验通常采用变工况多循环的试验载荷谱,主要分为标准谱和应用谱,如图6-1所示。

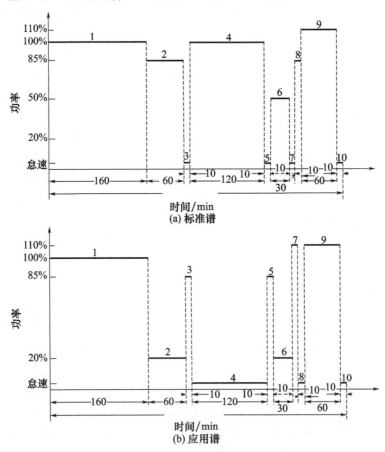

图 6-1 柴油机可靠性增长试验载荷谱

(2)可靠性分阶段整改和增长。

由于产品的复杂性,增长试验过程中出现的大量故障无法立即得到纠正和改进。通常的做法是分阶段对增长试验过程中出现的故障进行集中整改和纠正,因此可靠性增长往往是阶跃上升的,改进措施和方式具有延缓性、阶段性等特点。

(3)存在大量性能参数监测数据。

随着状态监控和信号处理技术的发展,在柴油机可靠性增长试验过程中,安装大量监测设备、传感器实时监测柴油机各类工作参数和环境参数。因此,除了故障数据外,性能数据尤其是性能退化数据也是一类重要的可靠性增长试验数据。

下面,结合现有可靠性增长评估方法和船用柴油机整机可靠性增长试验特点分析的基础上,分别基于船用柴油机整机可靠性增长试验数据——故障数据和性能数据,建立船用柴油机整机可靠性增长评估模型,形成柴油机整机可靠性增长试验评估方法。

6.2 基于杜安模型的可靠性增长评估方法

6.2.1 杜安模型的数学描述

设可修产品的累积试验时间为 t,在 $(0,t)$ 时间内共出现 N 个故障,累积故障次数,记为 $N(t)$,则产品的累积失效率 $\lambda_\Sigma(t) = N(t)/t$。

杜安模型指出:在产品研制过程中,只要不断对产品进行改进,那么累积失效率 $\lambda_\Sigma(t)$ 与累积试验时间 t 之间的关系可用下式表示:

$$\lambda_\Sigma(t) = at^{-m} \tag{6-1}$$

式中:a 为尺度参数,$a>0$,与初始的 MTBF 值和预处理有关;m 为增长率,$0<m<1$。

对式(6-1)两边取对数,得

$$\ln\lambda_\Sigma(t) = \ln a - m\ln t \tag{6-2}$$

可见,在双对数坐标上,可以用一条直线来描述累积故障率 $\lambda_\Sigma(t)$ 与累积试验时间 t 之间的关系,即它们之间呈线性关系。

因此,累积失效数 $N(t)$ 与累积试验时间 t 之间的关系为

$$N(t) = at^{1-m} \tag{6-3}$$

产品在时刻 t 的瞬时失效率为

$$\lambda(t) = \frac{dN(t)}{dt} = a(1-m)t^{-m} \tag{6-4}$$

将产品可靠性水平用 MTBF 表示,则累积 MTBF 和瞬时 MTBF 分别为

$$\text{MTBF}_\Sigma(t) = \frac{t^m}{a} \tag{6-5}$$

$$\text{MTBF}(t) = \frac{t^m}{a(1-m)} \tag{6-6}$$

式(6-5)、式(6-6)两边取对数后,得

$$\ln[\text{MTBF}_\Sigma(t)] = -\ln a + m\ln t \tag{6-7}$$

$$\ln[\text{MTBF}(t)] = -\ln a - \ln(1-m) + m\ln t \tag{6-8}$$

可见,在双对数坐标纸上,瞬时 MTBF 曲线是一条平行于累积 MTBF 曲线的直线,向上平移 $-\ln(1-m)$。

尺度参数 a 的几何意义:它的倒数 $1/a$ 是杜安模型累积 MTBF 曲线在双对数坐标纸纵轴上的截距,反映了产品进入可靠性增长试验时的初始 MTBF 水平;增长率 m 的几何意义:它是累积 MTBF 曲线和瞬时 MTBF 曲线的斜率,表征产品 MTBF 随试验时间逐渐增长的速度。

6.2.2 杜安模型的拟合优度检验方法

在利用杜安模型进行可靠性增长评估之前,首先要进行模型的拟合优度检验,即对试验数据与杜安模型的拟合情况进行分析,确定增长试验数据是否符合杜安模型。

杜安模型的拟合优度检验采用统计检验法和杜安图分析法相结合。

统计检验法是一种相关系数检验法。具体方法如下:

令累积失效数的对数 $\ln N(t)$ 与累积试验时间的对数 $\ln t$ 的经验相关系数为 $\hat{\rho}$,即

$$\hat{\rho} = \frac{l_{xy}}{\sqrt{l_{xx}l_{yy}}} \tag{6-9}$$

式中:$l_{xy} = \sum_{i=1}^{n} \ln N_i \ln t_i - \left(\sum_{i=1}^{n} \ln N_i\right)\left(\sum_{i=1}^{n} \ln t_i\right)/n$;$l_{xx} = \sum_{i=1}^{n} (\ln t_i)^2 - \left(\sum_{i=1}^{n} \ln t_i\right)^2/n$;$l_{yy} = \sum_{i=1}^{n} (\ln N_i)^2 - \left(\sum_{i=1}^{n} \ln N_i\right)^2/n$。

查样本量 n、显著性水平 α 的理论相关系数 $\rho = 0$ 的经验相关系数 $\hat{\rho}$ 的临界值 $\hat{\rho}_\alpha$(附表1)。若 $|\hat{\rho}| \geq \hat{\rho}_\alpha$,则接受试验数据符合杜安模型的假设;反之,则拒绝。

6.2.3 杜安模型参数的估计方法

由于杜安模型的拟合曲线在双对数坐标纸上具有明显线性特征,因此可以用最小二乘法进行估计。该方法既可用于完全数据,也可用于定数和定时截尾

数据。

杜安模型使用双对数坐标可表示为

$$\ln\theta_c(t) = -\ln a + m\ln t \tag{6-10}$$

式中：$\theta_c(t)$ 为 t 时刻累积 MTBF；a、m 为模型的待估参数。

由累积试验时间 $t_1, t_2, \cdots, t_n$ 与对应的累积故障次数 $N(t_1), N(t_2), \cdots, N(t_n)$，得到累积 MTBF，即

$$\theta_c(t_j) = t_j/N(t_j) \quad (j=1,2,\cdots,n)$$

根据杜安模型，得到 a、m 的最小二乘估计为

$$\hat{m} = \frac{n\sum_{j=1}^{n}\ln\theta_c(t_j)\ln t_j - \left(\sum_{j=1}^{n}\ln\theta_c(t_j)\right)\times\left(\sum_{j=1}^{n}\ln t_j\right)}{n\sum_{j=1}^{n}(\ln t_j)^2 - \left(\sum_{j=1}^{n}\ln t_j\right)^2} \tag{6-11}$$

$$\hat{a} = \exp\left\{\frac{1}{n}\left(\hat{m}\sum_{j=1}^{n}\ln t_j - \sum_{j=1}^{n}\ln\theta_c(t_j)\right)\right\} \tag{6-12}$$

于是，瞬时 MTBF 的最小二乘估计：

$$\hat{\theta}(t) = t^{\hat{m}}/[\hat{a}(1-\hat{m})] \quad (0 < t \leq t_n) \tag{6-13}$$

也可以预测出试验结束时刻 t_n 时的 MTBF。将其与增长目标值进行比较，确定是否达到增长要求。

可修产品到达 t_n 之后不再作改进或纠正，即产品定型后，其失效时间服从指数分布，故障率为时刻 t_n 的瞬时失效率：

$$\lambda = \hat{a}(1-\hat{m})t_n^{-\hat{m}} \quad (t > t_n) \tag{6-14}$$

6.3 基于 AMSSA 模型的可靠性增长评估方法

6.3.1 AMSSA 模型的数学描述

杜安模型只给出了 $N(t)$ 的均值，并未给出 $N(t)$ 的变异性。AMSAA 模型是在杜安模型的基础上提出的一个改进模型，是利用非齐次泊松过程建立的可靠性增长模型。

AMSAA 模型基于如下两个基本假定：

（1）可修系统在开发期 $(0,t)$ 内的故障次数 $N(t)$ 是服从均值函数 $EN(t) = v(t) = at^b$ 及瞬时故障强度为 $\lambda(t) = \dfrac{\mathrm{d}EN(t)}{\mathrm{d}t} = abt^{b-1}$ 的非齐次泊松过程（威布尔过程）：

$$P\{N(t) = n\} = \frac{[v(t)]^n}{n!}\mathrm{e}^{-v(t)} \tag{6-15}$$

(2) 可修系统开发到时刻 T 定型后,其失效时间服从指数分布,即 $\lambda(t) = abT^{b-1}, t \geq T$。

对 AMSSA 模型,a 为尺度参数($a>0$),b 为形状参数($b>0$),与杜安模型的增长率 m 之和等于1,即 $b + m = 1$。

瞬时故障率为

$$\lambda(t) = abt^{b-1} \quad (6-16)$$

将 $b + m = 1$ 代入式(6 – 16),得

$$\lambda(t) = \frac{dEN(t)}{dt} = a(1-m)t^{-m} \quad (6-17)$$

这就是杜安模型。AMSAA 模型的数学期望与杜安模型是一致的,通常说,AMSAA 模型是杜安模型的概率解释。

用瞬时 MTBF 表示,则 AMSAA 模型转化为

$$MTBF(t) = \frac{t^{1-b}}{ab} \quad (6-18)$$

当 $0 < b < 1$ 时,失效间隔随机增加,系统处于可靠性增长之中;当 $b > 1$ 时,失效间隔随机减少,系统处于可靠性下降之中;当 $b = 1$ 时,$\lambda(t) = a$,非齐次泊松过程退化为泊松过程,失效间隔时间服从指数分布,系统可靠性没有增长趋势也没有下降趋势。

6.3.2 AMSSA 模型的拟合优度检验方法

AMSAA 模型的拟合优度检验方法有很多,如图检验法、Crow 的 Cramer – Von Mises 检验、叶尔骅等提出的 F 检验法、王静龙提出的 χ^2 检验法等。这里只给出 Cramer – Von Mises 检验法。

检验统计量为

$$C_M^2 = \frac{1}{12M} + \sum_{i=1}^{M}\left(Z_i^{\bar{b}} - \frac{2i-l}{2M}\right)^2 \quad (6-19)$$

对于不同的截尾方式,上式中的各量见表 6 – 1。

表 6 – 1 C_M^2 统计量的相关参数表

截尾类型	M	Z_i	$\bar{b}$
定时截尾	n	t_i/T	$(n-1)/\sum_{i=1}^{n}\ln(T/t_i)$
定数截尾	$n-1$	t_i/t_n	$(n-2)/\sum_{i=1}^{n}\ln(t_n/t_i)$

查 Cramer–Von Mises 统计量 C_M^2 的临界值表(附表2),得到参数为 M、显著性水平 α 的临界值 $C_{M,\alpha}^2$。如果 $C_M^2 \leqslant C_{M,\alpha}^2$,则认为增长试验数据符合 AMSAA 模型;反之,不能使用 AMSAA 模型。

6.3.3 AMSSA 模型参数的评估方法

当增长试验为定数截尾试验时,增长试验的故障时间按从小到大顺序排列:
$$t_1, t_2, \cdots, t_n$$
考虑到威布尔过程的独立增量性质,则定数截尾试验数据 $(t_1, t_2, \cdots, t_n)$ 的似然函数为

$$L = \prod_{i=1}^{n}\{P[N(t_{i-1}, t_i) = 0]\lambda(t_i)\} = (ab)^n e^{-at_n^b} \times \prod_{i=1}^{n} t_i^{b-1} \quad (6-20)$$

因此,得到 a、b 的极大似然估计为

$$\begin{cases} \hat{a} = \dfrac{n}{t_n^{\hat{b}}} \\ \hat{b} = \dfrac{n}{\sum\limits_{i=1}^{n} \ln(t_n/t_i)} \end{cases} \quad (6-21)$$

于是,得到时刻 t 的瞬时 MTBF 的极大似然估计为

$$\hat{\theta}(t) = \dfrac{t^{1-\hat{b}}}{\hat{a}\hat{b}} \quad (6-22)$$

试验结束时 MTBF 为

$$\hat{\theta}(t_n) = \dfrac{t_n^{1-\hat{b}}}{\hat{a}\hat{b}} = t_n/(n\hat{b}) \quad (6-23)$$

a 和 b 的无偏估计为

$$\bar{a} = (n-1)/t_n^{\bar{b}} \quad (6-24)$$

$$\bar{b} = (n-2)/\sum_{i=1}^{n} \ln(t_n/t_i) \quad (6-25)$$

b 的置信水平为 $1-\alpha$ 的置信区间为

$$\left[\dfrac{\bar{b}}{2(n-2)}\chi_{\frac{\alpha}{2}}^2(2(n-1)), \dfrac{\bar{b}}{2(n-2)}\chi_{1-\frac{\alpha}{2}}^2(2(n-1))\right] \quad (6-26)$$

试验结束时 MTBF 的点估计和区间估计:

$$\bar{\theta}(t_n) = t_n/(n\bar{b}) \quad (6-27)$$

$$\left[\dfrac{(n-2)}{n}(1+\sqrt{2/n}\times u_{1-\alpha/2})^{-1}\bar{\theta}(t_n), \dfrac{(n-2)}{n}(1-\sqrt{2/n}\times u_{1-\alpha/2})^{-1}\bar{\theta}(t_n)\right]$$
$$(6-28)$$

当增长试验为定时截尾试验时,增长试验过程的故障时间依次为:$t_1, t_2, \cdots,$

t_n, T。

a、b 的极大似然估计为

$$\begin{cases} \hat{a} = \dfrac{n}{T^{\hat{b}}} \\ \hat{b} = \dfrac{n}{\sum\limits_{i=1}^{n} \ln(T/t_i)} \end{cases} \quad (6-29)$$

于是,得到时刻 t 的瞬时 MTBF 的极大似然估计为

$$\hat{\theta}(t) = \dfrac{t^{1-\hat{b}}}{\hat{a}\hat{b}} \quad (6-30)$$

试验结束时 MTBF 为

$$\hat{\theta}(t_n) = \dfrac{T^{1-\hat{b}}}{\hat{a}\hat{b}} = T/(n\hat{b}) \quad (6-31)$$

a 和 b 的无偏估计为

$$\bar{a} = n/T^{\bar{b}} \quad (6-32)$$

$$\bar{b} = (n-1)/\sum_{i=1}^{n} \ln(T/t_i) \quad (6-33)$$

b 的置信水平为 $1-\alpha$ 的置信区间为

$$\left[\dfrac{\bar{b}}{2(n-1)} \chi^2_{\frac{\alpha}{2}}(2n), \dfrac{\bar{b}}{2(n-1)} \chi^2_{1-\frac{\alpha}{2}}(2n) \right] \quad (6-34)$$

试验结束时 MTBF 的点估计和区间估计:

$$\bar{\theta}(T) = T/(n\bar{b}) \quad (6-35)$$

$$\left[\dfrac{(n-2)}{n}(1 + \sqrt{2/n} \times u_{1-\alpha/2})^{-1} \bar{\theta}(T), \dfrac{(n-2)}{n}(1 - \sqrt{2/n} \times u_{1-\alpha/2})^{-1} \bar{\theta}(T) \right]$$

$$(6-36)$$

6.4 立即纠正方式下的柴油机可靠性增长评估

6.4.1 故障数据的收集与处理

可靠性增长评估所需的故障数据是每次故障发生时的累积试验时间。根据故障分类与统计原则,采集每次责任故障发生的累积试验时间。

设某型号船用柴油机可靠性增长试验共进行了 884 个循环,每 8h 一个循环,累积试验时间 $T = 7072$h,收集整理试验期间每次故障发生时的累积试验时间见表 6-2。该数据已剔除了因未及时纠正而重复性出现的故障。

表6-2 某型号柴油机整机可靠性增长试验故障数据

i	1	2	3	4	5	6	7	8	9	10
t_i/h	14.78	18.17	20	80	182.83	215.5	417.5	516	526	546.5
i	11	12	13	14	15	16	17	18	19	20
t_i/h	560	624	708	771.5	778.6	824	934.78	992	1176	1200
i	21	22	23	24	25	26	27	28	29	30
t_i/h	1207	1214	1245.5	1335	1496	1601.78	1740	1824	2290.5	2303
i	31	32	33	34	35	36	37	38	39	40
t_i/h	2372.5	2448	2492	2496	2580.75	2594.5	2666	2750	2800	3113.5
i	41	42	43	44	45	46	47	48	49	50
t_i/h	3264	3264	3398	3557.5	4199	4246.3	4248	4272	4424	4726
i	51	52	53	54	55	56	57			
t_i/h	4798	4888	4966	5172.5	5952.78	5992	6696			

6.4.2 增长趋势分析

根据表6-2可靠性增长试验故障数据,以累积故障时间 t 为横坐标,以累积故障数 N 为纵坐标,绘制柴油机可靠性增长趋势曲线,如图6-2所示。

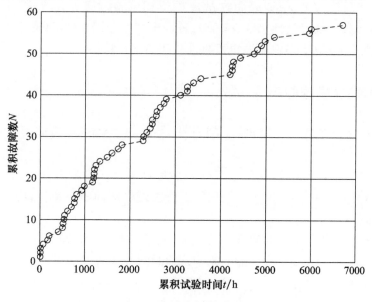

图6-2 增长趋势检验图

由图6-2可知,增长趋势曲线是上凸的,此时相邻的故障间隔时间逐渐增大,表明柴油机的可靠性不断增长。

下面采用U检验法进行进一步增长趋势的统计假设检验。

对于定时截尾试验,U统计量

$$\mu = \left[\frac{\sum_{i=1}^{n} t_i}{nT} - 0.5\right]\sqrt{12n} \qquad (6-37)$$

根据给定的显著水平α,查表6-3得临界值μ_0。

表6-3 趋势检验统计量临界值μ_0表

显著性水平α	趋势统计量的临界值μ_0
0.01	2.576
0.02	2.326
0.05	1.960
0.10	1.645
0.20	1.282

当$\mu \leqslant -\mu_0$时,以显著水平α表明有明显的可靠性增长趋势;

当$\mu \geqslant \mu_0$时,以显著水平α表明有明显的可靠性降低趋势;

当$-\mu_0 < \mu < \mu_0$时,以显著水平α表明没有明显的可靠性变化趋势。

将$n=57$,$T=7072h$,以及每次故障的累积试验时间t_i代入式(6-37),得到$\mu=-4.529$。取显著性水平$\alpha=0.1$,查表6-3得到$\mu_0=1.645$,可知$\mu<-\mu_0$,故以显著水平$\alpha=0.1$表明柴油机可靠性有明显增长趋势。

6.4.3 拟合优度检验

为了确定合理的增长模型,分别对杜安模型和AMSSA模型进行拟合优度检验。

在杜安模型下,$\ln t$和$\ln[\mathrm{MTBF}_{\Sigma}(t)]$成线性关系。将各点$(t_i, t_i/i)$绘制在双对数坐标纸上,如图6-3所示。绘出的点能够较好地构成一条直线,则说明可以使用杜安模型。

利用6.2.1杜安模型的拟合优度检验方法对杜安模型进行进一步的拟合优度检验。将$n=57$以及每次故障的累积试验时间t_i代入式(6-9),得到经验相关系数为$\hat{\rho}=0.9850$,两者正相关,且相关性明显。取显著性平$\alpha=0.05$,$n=57$,查附表1,利用线性插值法得到经验相关系数$\hat{\rho}$的临界值$\hat{\rho}_\alpha=0.2480$。可知$|\hat{\rho}|>\hat{\rho}_\alpha$,故

以显著水平 $\alpha = 0.05$ 表明增长试验数据符合杜安模型。

利用 6.3.2 Cramer – Von Mises 检验方法对 AMSAA 模型进行拟合优度检验。将 $M = n = 57$，$T = 7072h$，以及每次故障的累积试验时间 t_i 代入式(6 – 19)，检验统计量 $C_M^2 = 0.2001$。取显著性水平 $\alpha = 0.05$，$n = 57$，查附表 2，利用线性插值法得到 $C_{M,\alpha}^2 = 2.218$，可知 $C_M^2 < C_{M,\alpha}^2$，故以显著水平 $\alpha = 0.05$ 表明增长试验数据符合 AMSAA 模型。

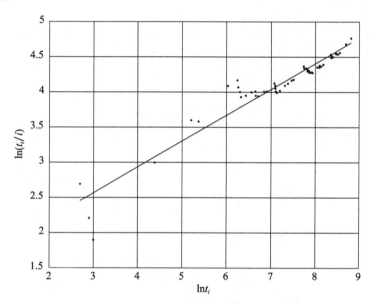

图 6 – 3　故障数据杜安模型拟合情况

由上述拟合优度检验结果可知，增长试验数据对杜安模型和 AMSAA 模型的拟合程度均满足要求，两种模型均可用于增长评估。

6.4.4　立即纠正的可靠性增长评估

可靠性增长试验过程中会出现两类故障：

A 类故障——残余故障，试验结束时仍未得到纠正；

B 类故障——试验期间必须进行纠正或改进的故障。

如果试验期间所有 B 类故障均能被立即纠正，则可以采用 AMSAA 模型或杜安模型进行可靠性评估；否则采取延缓纠正，需要采用可靠性增长预测模型进行可靠性增长评估。

本报告首先通过剔除故障数据中因未立即纠正而重新出现的故障，分别利用 AMSAA 模型和杜安模型进行可靠性增长评估；然后在不剔除重复故障的情况下，给出考虑延缓纠正的可靠性增长评估方法。

1. 基于杜安模型的可靠性增长评估

根据6.2.3杜安模型参数估计方法,将定时截尾故障累积试验时间 t_i 数据代入式(6-11)和式(6-12),得到 a、m 的最小二乘估计 $\hat{a}=0.2313$、$\hat{m}=0.3678$。

代入式(6-13),可以得到瞬时MTBF的最小二乘估计:

$$\hat{\theta}(t) = 6.8394 t^{0.3678} \quad (0 < t \leqslant T)$$

由此可得,试验开始时初始MTBF为6.8394h,试验结束即 $t=T=7072h$ 时,瞬时MTBF为178.15h。

柴油机增长试验数据在双对数坐标纸上的杜安曲线如图6-4所示。

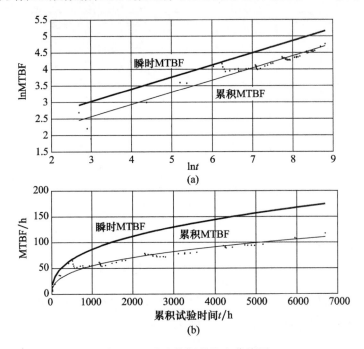

图6-4 试验数据的杜安曲线图

2. 基于AMSSA模型的可靠性增长评估

根据AMSSA模型参数估计方法,将定时截尾故障累积试验时间 t_i 数据代入式(6-21),得到 a、b 的极大似然估计 $\hat{a}=0.2674$、$\hat{b}=0.6049$。代入式(6-24)和式(6-25),得到 a、b 的无偏估计 $\bar{a}=0.2938$、$\bar{b}=0.5943$。

根据式(6-34),得到 b 的置信水平为 $1-\alpha=0.95$ 的置信区间为 $[0.4582, 0.7718]$。

根据式(6-35)和式(6-36),得到试验结束时MTBF的点估计和区间估计分别为208.76h,$[150.02h, 324.07h]$。

柴油机增长试验数据拟合的AMSAA瞬时故障率和瞬时MTBF曲线如图6-5所示。

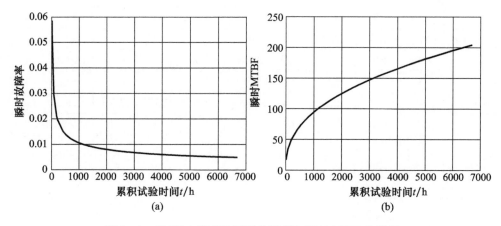

图 6-5　AMSAA 模型的瞬时故障率和瞬时 MTBF 曲线图

6.5　延缓纠正方式下的柴油机可靠性增长评估

6.5.1　具有延缓纠正的故障数据

按照 A 类故障(试验期间未纠正的责任故障)和 B 类故障(试验期间纠正的责任故障)进行分类,在不剔除重复故障的情况下,某型号柴油机可靠性增长试验故障数据如表 6-4 所列,共 40 种 B 类失效。

表 6-4　延缓纠正的某型号柴油机整机可靠性增长试验故障数据

i	1	2	3	4	5	6	7	8	9	10
故障类型	B1	B2	B3	B4	B5	B6	B7	B4	B7	B8
t_i/h	14.78	14.78	18.17	20	80	182.83	215.5	417.5	516	526
i	11	12	13	14	15	16	17	18	19	20
故障类型	B9	B10	B3	B11	B12	B13	B14	B15	B16	B17
t_i/h	546.5	560	624	708	708	771.5	778.6	824	934.78	992
i	21	22	23	24	25	26	27	28	29	30
故障类型	B18	B19	B20	B21	B13	B22	B23	B24	B25	B26
t_i/h	1176	1200	1207	1214	1245.5	1335	1496	1496	1601.78	1740
i	31	32	33	34	35	36	37	38	39	40
故障类型	B27	B25	B26	B3	B27	B28	A	B29	B30	B8
t_i/h	1824	2290.5	2303	2372.5	2448	2492	2496	2580.75	2594.5	2666

续表

i	41	42	43	44	45	46	47	48	49	50
故障类型	B27	B14	B3	B31	B32	B33	B16	B8	A	A
t_i/h	2750	2800	3113.5	3264	3264	3398	3557.5	4199	4246.3	4248
i	51	52	53	54	55	56	57	58	59	60
故障类型	A	B29	B7	B34	B35	B36	B37	B30	B8	B38
t_i/h	4272	4424	4726	4798	4888	4966	5172.5	5541	5669	5952.78
i	61	62								
故障类型	B39	B40								
t_i/h	5992	6696								

6.5.2 含有延缓纠正的可靠性增长预测模型

假设 B 类故障共 k 种,其中第 j 种故障记为 $B_j(j=1,2,\cdots,k)$,服从故障率为 λ_j 的相互独立的指数分布, $\lambda_B = \sum_{j=1}^{k} \lambda_j$;并假设所有 A 类故障和残余故障的发生服从失效率为 λ_A 的指数分布。

在时刻 $t=0$ 故障率为

$$\lambda_I = \lambda_A + \lambda_B = \lambda_A + \sum_{j=1}^{k} \lambda_j \qquad (6-38)$$

试验前后, k 都是未知数。

在试验时间 $(0,t]$ 内,观测到的不同 B 类故障的种类为 $m \leqslant k$, m 是随机变量。

令 d_j 表示第 j 种 B 类故障的改进有效性系数,当采取改进措施时,第 j 种 B 类故障的故障率由 λ_j 减少到 $(1-d_j)\lambda_j$。到时刻 t,观测到 m 种 B 类故障,并进行了设计纠正,因此故障率由 λ_I 减少为

$$\lambda(t) = \lambda_A + \sum_{j=1}^{m}(1-d_j)\lambda_j + \left(\lambda_B - \sum_{j=1}^{m}\lambda_j\right) \qquad (6-39)$$

式中: $\sum_{j=1}^{m}(1-d_j)\lambda_j$ 表示 m 种 B 类故障经过改进后残余的故障率; $\lambda_B - \sum_{j=1}^{m}\lambda_j$ 表示所有未被观测到的 B 类故障的故障率。

$\lambda(t)$ 是指在所有纠正措施被即时引入的情况下,柴油机在时刻 t 的故障率。如果含有延缓纠正,则 $\lambda(t)$ 不是产品在时刻 t 的实际故障率。在这种情况下,基于第一个试验阶段的故障数据及其指定的改进有效性系数,可预测第二个试验阶段开始时的可靠性水平。也就是说,含有延缓纠正的可靠性增长预测技术,给出了在一个试验阶段 $(0,T]$ 到结束时,预测经引入延缓纠正后能够达到的故障率 $\lambda(T)$。

定义示性函数 $I_j(t)$ 为

$$I_j(t) = \begin{cases} 1, \text{故障} B_j \text{在} (0,t] \text{内发生} \\ 0, \text{故障} B_j \text{在} (0,t] \text{内不发生} \end{cases} \quad (6-40)$$

$$\lambda(t) = \lambda_A + \sum_{j=1}^{k}(1 - d_j I_j(t))\lambda_j \quad (6-41)$$

故

$$E[\lambda(t)] = \lambda_A + \sum_{j=1}^{k}(1 - d_j(1 - e^{-\lambda_j t}))\lambda_j = \lambda_A + \sum_{j=1}^{k}(1 - d_j)\lambda_j + \sum_{j=1}^{k} d_j \lambda_j e^{-\lambda_j t} \quad (6-42)$$

对 d_j 定义两种加权平均,即

$$d = \sum_{j=1}^{k} d_j \lambda_j \Big/ \sum_{j=1}^{k} \lambda_j = \sum_{j=1}^{k} d_j \frac{\lambda_j}{\lambda_B} \quad (6-43)$$

$$d_0(t) = \sum_{j=1}^{k} d_j \lambda_j e^{-\lambda_j t} \Big/ \sum_{j=1}^{k} \lambda_j e^{-\lambda_j t} \quad (6-44)$$

则

$$E[\lambda(t)] = \lambda_A + (1 - d)\lambda_B + d_0(t) \sum_{j=1}^{k} \lambda_j e^{-\lambda_j t} \quad (6-45)$$

Crow 假设,对 $t > 0$,$d_0(t)$ 不随时间变化。取 $t \to 0$,则

$$d_0(t) = \sum_{j=1}^{k} d_j \lambda_j e^{-\lambda_j t} \Big/ \sum_{j=1}^{k} \lambda_j = d \quad (6-46)$$

故

$$E[\lambda(t)] = \lambda_A + (1 - d)\lambda_B + d \sum_{j=1}^{k} \lambda_j e^{-\lambda_j t} \quad (6-47)$$

令 $m(t)$ 是 $(0,t]$ 内观测到的不同种类 B 类故障的次数,则

$$m(t) = \sum_{j=1}^{k} I_j(t) \quad (6-48)$$

$$E[m(t)] = \sum_{j=1}^{k}(1 - e^{-\lambda_j t}) \quad (6-49)$$

故

$$h(t) = \frac{d}{dt} E[m(t)] = \sum_{j=1}^{k} \lambda_j e^{-\lambda_j t} \quad (6-50)$$

是新的 B 类故障将在时刻 t 发生的瞬时故障率。

对于复杂系统,$E[m(t)]$ 可用幂函数

$$E[m(t)] = at^b \quad (6-51)$$

很好近似,因此有

$$h(t) = abt^{b-1} \quad (6-52)$$

即当 k 较大时,可以合理地假定,不同的 B 类故障的发生符合均值函数为 $E[m(t)] = at^b$,

强度函数为 $h(t) = abt^{b-1}$ 的非齐次泊松过程。综上所述，可得

$$E[\lambda(t)] = \lambda_A + \sum_{j=1}^{k}(1-d_j)\lambda_j + dh(t) = \lambda_A + (1-d)\lambda_B + dh(t)$$
(6-53)

6.5.3 失效率和 MTBF 的估计

可靠性增长试验$(0,T]$内，共观测到 n 次故障，其中 A 类故障 n_A 次，第 j 种 B 类故障的次数为 $n_j(j=1,2,\cdots,m)$，显然，有

$$n = n_A + n_B = n_A + \sum_{j=1}^{m} n_j \qquad (6-54)$$

记 x_j 是 B_j 故障的首次发生时间，由 AMSSA 模型得到

$$\bar{b} = (m-1)/\sum_{j=1}^{m} \ln\frac{T}{x_j} \qquad (6-55)$$

$$\bar{a} = m/T^{\bar{b}} \qquad (6-56)$$

$$\bar{h}(T) = m\bar{b}/T \qquad (6-57)$$

经过理论证明，得到试验结束时的故障率估计为

$$\bar{\lambda}(T) = \left[n_A + \sum_{j=1}^{m}(1-d_j)n_j + \bar{d}m\bar{b}\right]/T \qquad (6-58)$$

式中：$\bar{d}$ 为 B 类故障的纠正系数的平均值。

试验结束时的 MTBF 估计为

$$\text{MTBF}(T) = T/\left[n_A + \sum_{j=1}^{m}(1-d_j)n_j + \bar{d}m\bar{b}\right] \qquad (6-59)$$

由表6-4含有延缓纠正的柴油机可靠性增长试验故障数据，可以得到 B 类失效的首次故障时间见表6-5。

表6-5 B 类故障数据

类型	故障时间/h	首次故障时间/h	次数	改进有效性系数
1	14.78	14.78	1	0.9
2	14.78	14.78	1	0.8
3	18.17,624,2372.5,3113.5	18.17	4	0.7
4	20,417.5	20	2	0.8
5	80	80	1	0.9
6	182.83	182.83	1	0.9
7	215.5,516,4726	215.5	3	0.7
8	526,2666,4199,5669	526	4	0.6

续表

类型	故障时间/h	首次故障时间/h	次数	改进有效性系数
9	546.5	546.5	1	0.9
10	560	560	1	0.9
11	708	708	1	0.8
12	708	708	1	0.9
13	771.5,1245.5	771.5	2	0.8
14	778.6,2800	778.6	2	0.9
15	824	824	1	0.8
16	934.78,3557.5	934.78	2	0.8
17	992	992	1	0.9
18	1176	1176	1	0.9
19	1200	1200	1	0.7
20	1207	1207	1	0.9
21	1214	1214	1	0.8
22	1335	1335	1	0.9
23	1496	1496	1	0.9
24	1496	1496	1	0.8
25	1601.78,2290.5	1601.78	2	0.9
26	1740,2303	1740	2	0.8
27	1824,2448,2750	1824	3	0.7
28	2492	2492	1	0.8
29	2580.75,4424	2580.75	2	0.9
30	2594.5,5541	2594.5	2	0.9
31	3264	3264	1	0.8
32	3264	3264	1	0.9
33	3398	3398	1	0.7
34	4798	4798	1	0.9
35	4888	4888	1	0.9
36	4966	4966	1	0.8
37	5172.5	5172.5	1	0.9
38	5952.78	5952.78	1	0.9
39	5992	5992	1	0.8
40	6696	6696	1	0.8

对B类故障的首次故障时间进行分析,由式(6-55)和式(6-56)得
$$\overline{a} = 0.5881, \overline{b} = 0.4761$$
由式(6-57)可得在试验结束时发生故障的强度估计:
$$\overline{h}(T) = 0.0027$$

采用Cramer-Von Mises检验法进行拟合优度检验,将$M=m=40$,$T=7072h$以及故障时刻t_j代入式(6-19),得到$C_M^2 = 0.1848$,取显著性水平$\alpha = 0.05$,查附表2,利用线性插值法得到临界值$C_{M,\alpha}^2 = 0.219$。显然,$C_M^2 < C_{M,\alpha}^2$,因此以显著性水平$\alpha = 0.05$接受AMSAA模型,即不同B类故障的首次故障时间可以采用AMSAA模型拟合。

根据表6-5中的第5列指定纠正有效性系数,得到纠正有效性系数的平均值为$\overline{d} = 0.8325$。

由式(6-58)可得,试验结束时的故障率估计为
$$\overline{\lambda}(T) = 0.0044$$
由式(6-59)可得,试验结束时MTBF估计为
$$\mathrm{MTBF}(T) = 227.74h$$

6.6 基于性能退化数据的船用柴油机可靠性增长评估方法

6.6.1 退化特征量提取

柴油机可靠性增长试验过程中能够监测到的性能参数多达上百个,然而具有退化特征的参数只有为数不多的几个。为了更好地开展基于性能退化数据的可靠性增长评估方法研究,首先必须对众多性能参数进行退化趋势分析,从中提取特征量。常用的退化特征量提取方法包括基于状态属性的退化特征量提取方法和基于关联规则的退化特征量提取方法等。

6.6.1.1 基于状态属性的退化特征量提取方法

基于状态属性的退化性能参数提取方法是从状态参数的故障特性角度出发,考虑多故障类型的情况,得到理想的反应性能退化过程的状态参数应具备性能退化一致性、同类个体普适性、变动范围大和干扰鲁棒性等状态属性,即单调性、相关性、预测性及鲁棒性。

假设X为$n \times m$维的状态监测数据矩阵,其中n为状态参数的个数,m为每个状态参数的监测次数,X_j为第j个状态参数的时间监测序列,如图6-6所示。

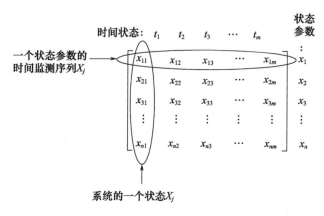

图 6-6 状态监测矩阵

四种状态属性的计算方法为

1) 单调性

单调性反映了产品性能退化的一致性,由于产品退化过程是不可逆和不可避免的,所以反映其性能退化的状态参数应该具有单调的退化趋势,取值范围为[0,1]。在产品性能退化过程中,当某个状态参数随时间呈单调增加或减少的趋势,其单调性取值为1。反之,某个状态参数是常数或随时间随机变化,其单调性取值为 0。第 i 个状态参数的单调性为

$$\mathrm{Mon}(X_i) = \frac{\left| \sum_j \varepsilon[x_{ij} - x_{i,j-1}] - \sum_i \varepsilon[x_{i,j-1} - x_{i,j}] \right|}{m-1} \quad (6-60)$$

式中: $\varepsilon(x_{ij}) = \begin{cases} 1(x_{ij} \geq 0) \\ 0(x_{ij} < 0) \end{cases}$ 为单位阶跃函数; m 为性能退化过程中该状态参数的总监测次数。

2) 相关性

相关性反映了状态参数序列与产品性能退化之间的相关程度,代表了该参数的同类个体普适性,取值范围为[0,1]。取值越接近于 1,说明了该参数与性能退化过程的相关程度越高,反映了该参数能够很好地描述产品性能退化过程。第 i 个状态参数的相关性为

$$\mathrm{Corr}(X_i) = \frac{\left| m \sum_j x_{ij} t_j - \sum_j x_{ij} \sum_j t_j \right|}{\sqrt{\left[m \sum_j x_{ij}^2 - (\sum_j x_{ij})^2 \right] \left[m \sum_j t_j^2 - (\sum_j t_j)^2 \right]}} \quad (6-61)$$

式中: $T = (t_1, t_2, \cdots, t_m)$ 为相应的监测时刻序列。

3) 预测性

预测性反映了状态参数序列的变动范围和在失效时刻的分散性,是在群体统计量的基础上定义的,取值范围为[0,1],取值越接近于 1,说明了该参数的变动范围大而且在失效时刻的标准差越小,其预测性能就越好。第 i 个状态参数的预测

性表示为

$$\mathrm{Pre}(X_i) = \exp\left(-\frac{\sigma(x_{if})}{|\overline{x_{lf}} - \overline{x_{is}}|}\right) \quad (6-62)$$

式中:$\overline{x_{ls}}$为状态参数X_i在初始时刻的均值;$\overline{x_{lf}}$为状态参数X_i在失效时刻的均值;$\sigma(x_{if})$为状态参数X_i在失效时刻的标准差。

4) 鲁棒性

鲁棒性是对状态参数的波动性的描述,反映了状态参数对外点等干扰的鲁棒性,取值范围为[0,1]。如果该参数随时间表现出平滑的变化规律,则其鲁棒性数值就越大,应用于故障预测得到的结果的不确定性将越小。第 i 个状态参数的鲁棒性为

$$\mathrm{Rob}(X_i) = \frac{1}{m}\sum_j \exp\left(-\left|\frac{x_j - \tilde{x}_j}{x_j}\right|\right) \quad (6-63)$$

式中:$\tilde{x}_j$为对应的状态参数序列的趋势序列。

由于性能退化过程为一个随机过程,状态参数序列也包含有随机性,为了避免随机性的影响,在对状态参数序列进行上述属性的计算之前,首先要对状态监测指标序列进行平滑趋势分析,计算公式为

$$X_i = \widetilde{X_l} + X_{ire} \quad (6-64)$$

其中,$X_i = (x_{i1}, x_{i2}, \cdots, x_{im})$为第 i 个状态参数序列,$\widetilde{X_i} = (\widetilde{x_{i1}}, \widetilde{x_{i2}}, \cdots, \widetilde{x_{im}})$为第 i 个状态参数序列的趋势序列,$X_{ire} = (x_{i1} - \widetilde{x_{i1}}, x_{i2} - \widetilde{x_{i2}}, \cdots, x_{im} - \widetilde{x_{im}})$为第 i 个状态参数序列对应的残差序列。

经过上述处理后,综合考虑单调性、相关性、预测性与鲁棒性等状态属性对状态参数进行优化,选择出如实反映产品性能退化过程的状态参数序列。退化特征量提取问题可以简化成一个权重加和问题,计算公式为

$$\max A_i = a_1 \mathrm{Mon}(X_i) + a_2 \mathrm{Corr}(X_i) + a_3 \mathrm{Pre}(X_i) + a_4 \mathrm{Rob}(X_i)$$
$$\mathrm{s.t.} \begin{cases} a_i \geq 0 \\ \sum_i a_i = 1 \end{cases} (i=1,2,3,4) \quad (6-65)$$

式中:$A_i \in [0,1]$指第 i 个状态参数优化的目标函数;a_i 为第 i 个状态参数的属性权重,不同的状态参数因其本身的特性对应不同的属性权重。为了消除部分人为因素的影响,选用赋权公式法来进行确定:

$$a_{ij} = \begin{cases} \dfrac{1}{2} + \dfrac{\sqrt{-2\ln\left(\dfrac{2(j-1)}{n}\right)}}{6} & \left(1 < j \leq \dfrac{n+1}{2}\right) \\ \dfrac{1}{2} - \dfrac{\sqrt{-2\ln\left(2 - \dfrac{2(j-1)}{n}\right)}}{6} & \left(\dfrac{n+1}{2} < j \leq n\right) \end{cases} \quad (6-66)$$

其中 $a_{i1} = 1$。式中：n 为属性个数；i 代表第 i 个属性；j 为排队等级（排队等级是对每个属性按其重要程度所作的一个排列，不同属性同等重要也可处于同一等级）。进一步作归一化处理即可得到状态属性权重 $a_i = (a_1, a_2, a_3, a_4)$。$A$ 与单调性、相关性、预测性、鲁棒性为正相关的关系，当某个状态参数的 A 值越高，说明该状态参数具有更优的综合性能，可以更好的反映关键部件性能退化过程。

6.6.1.2 基于关联规则的退化特征量提取方法

基于关联规则的退化特征量提取方法是从状态参数与故障类型之间的关联程度角度出发，在柴油机结构、故障类型和故障历史数据的基础上，通过计算每个状态参数与故障类型之间的关联度，从而筛选出能如实反映柴油机性能退化过程的状态参数。关联规则是通过寻找同一个事件中出现的不同项之间的相关性，来确定此事件中频繁发生的项或属性的所有子集，以及它们之间的相互关联性。

结合柴油机可靠性增长试验特点，关联规则是从大量的状态监测数据中挖掘变量之间的关系，找出不同项之间在同一个事件中存在的相互关联性。从状态监测参数中提取出状态参数，就是要从众多参数中找出与产品故障之间关系紧密的状态参数。因为各个状态参数反映的故障类型和程度不同，若相关参数与相应的故障类型和程度之间存在一定的关联关系，则可以通过分析故障状态推断出能够表征当前状态的状态参数。

基于关联规则的退化特征量提取的基本步骤：

(1) 根据 FMEA 分析结果，确定柴油机故障模式清单。

(2) 根据产品状态监测实际情况，确定状态监测参数清单。

(3) 采集柴油机故障历史数据，形成故障数据库 D。数据库中应包含每次故障对应的故障模式数据项和超过预警值的状态监测参数数据项。

(4) 利用下列公式，计算每个状态监测参数与故障模式对应的关联规则的支持度和置信度：

$$\text{support}(X \to Y) = P(A \cap B) = \frac{\text{number}(A \cap B)}{\text{number}(D)} \quad (6-67)$$

式中：$\text{number}(A \cap B)$ 为数据集中 A 和 B 都出现次数；$\text{number}(D)$ 为 D 的总故障次数。

$$\text{confidence}(X \to Y) = P(B|A) = \frac{\text{number}(A \cap B)}{\text{number}(A)} \quad (6-68)$$

式中：$\text{number}(A)$ 为数据集中 A 出现次数。

(5) 确定支持度和置信度的最小阈值 $S_{\min}$，$C_{\min}$。

(6) 当状态监测参数与故障模式之间的关联规则的支持度和置信度大于规定阈值时，则认为该参数与故障模式之间存在着紧密的关联关系，即满足：

$$\begin{cases} \text{support}(X \to Y) \geq S_{\min} \\ \text{confidence}(X \to Y) \geq C_{\min} \end{cases} \quad (6-69)$$

则提取该参数为关键性能退化特征参数，并获得对应的故障模式。

6.6.2 基于贝叶斯的柴油机可靠性增长评估

6.6.2.1 性能退化的线性随机过程模型

柴油机的性能由主要的特性参数决定,在柴油机增长试验过程中,各种机械应力、热应力、化学应力等综合作用于柴油机上,使其特性参数发生变化。当参数变化超过允许值时,则柴油机发生故障。特性参数变化分为三类:一类是随试验时间的增加呈下降趋势,为了保证可靠工作须控制其下限值,这种称为单侧下限参数;另一类特性参数,如泄漏量等随着时间延长呈上升趋势,为了保证可靠工作须控制其上限值,这种称为单侧上限参数;最后一类特性参数随时间上下波动,有双侧限,称之为双侧限参数。

假设某特性参数的变化规律可以用线性随机过程近似描述。用 $X(t)$ 表示特性参数随时间变化规律,即

$$X(t) = a + rt + \varepsilon \tag{6-70}$$

式中:a 为性能参数的初始值,一般服从正态分布,$a \sim N(\mu_a, \sigma_a^2)$;$r$ 为性能参数的变化速率,与试验环境和工况条件有关,一般服从正态分布,$r \sim N(\mu_r, \sigma_r^2)$;$\varepsilon$ 为测量误差,一般服从正态分布,$\varepsilon \sim N(0, \sigma_\varepsilon^2)$。

显然,$X(t)$ 为正态随机变量,且:

$$E[X(t)] = \mu_a + \mu_r t \tag{6-71}$$

$$\mathrm{Var}[X(t)] = \sigma_a^2 + \sigma_r^2 t^2 \tag{6-72}$$

假设某特性参数的规定值为

$$X_{\min} \leqslant X \leqslant X_{\max}$$

当 $X(t)$ 超出上述范围,则柴油机发生故障。

当柴油机寿命由某一退化特性参数 $X(t)$ 决定时,由 $X(t)$ 随机线性退化过程可得柴油机寿命的分布规律,即

$$\begin{aligned}
F_T(t) &= P(T \leqslant t) \\
&= P(X(t) \leqslant X_{\min} \text{ or } X(t) \geqslant X_{\max}) \\
&= P(X(t) \leqslant X_{\min}) + P(X(t) \geqslant X_{\max}) \\
&= P\left(\frac{X(t) - \mu_a - \mu_r t}{\sqrt{\sigma_a^2 + \sigma_r^2 t^2}} \leqslant \frac{X_{\min} - \mu_a - \mu_r t}{\sqrt{\sigma_a^2 + \sigma_r^2 t^2}} \right) \\
&\quad + P\left(\frac{X(t) - \mu_a - \mu_r t}{\sqrt{\sigma_a^2 + \sigma_r^2 t^2}} \geqslant \frac{X_{\max} - \mu_a - \mu_r t}{\sqrt{\sigma_a^2 + \sigma_r^2 t^2}} \right) \\
&= \phi\left(\frac{X_{\min} - \mu_a - \mu_r t}{\sqrt{\sigma_a^2 + \sigma_r^2 t^2}} \right) + 1 - \phi\left(\frac{X_{\max} - \mu_a - \mu_r t}{\sqrt{\sigma_a^2 + \sigma_r^2 t^2}} \right)
\end{aligned} \tag{6-73}$$

式中:$\phi(\cdot)$ 为标准正态分布的累积分布函数。

由此可知，要实现柴油机可靠性增长评估需要对参数 μ_a、σ_a^2、μ_r、σ_r^2 进行评估。由于柴油机可靠性增长试验的样本量很少，有时甚至只有一台，在小子样情况下，需要综合利用试验过程中的信息，采用贝叶斯方法估计模型参数。

6.6.2.2 基本假设

柴油机可靠性增长试验分为若干个阶段进行。每一阶段试验后，对柴油机设计、工艺、材料等方面进行改进，然后再进入下一阶段试验，这样总体的分布参数是可变的。基本假设如下：

(1) 为了尽量多地暴露柴油机缺陷，柴油机整机可靠性增长试验的样本量为1台。

(2) 可靠性增长试验分为 K 个阶段，各阶段内的试验相互独立，累计试验时间 $t_k(k=1,2,\cdots,K)$，第 k 个阶段试验结束后，对柴油机进行改进，然后进入第 k 个阶段试验，直至第 K 阶段结束，柴油机停止改进。

(3) 特性参数测量时间间隔 Δt 相等，第 k 个阶段采集到的特性参数数据列为

$$\{X_j^{(k)}, j=0,1,\cdots,N^{(k)}\}$$

式中：$X_j^{(k)}$ 表示第 k 个阶段测量到第 j 个值，即对应时刻 $j \cdot \Delta t$ 的特性参数测量值。

于是，在第 k 个阶段内，初始性能参数的样本值为 $A^{(k)} = \{a^{(k)} = X_0^{(k)}\}$；$r$ 的样本为

$$r^{(k)} = \left\{ r_j^{(k)} = \frac{X_{j+1}^{(k)} - X_j^{(k)}}{\Delta t}, j=1,\cdots,N^{(k)} \right\}$$

式中：$N^{(k)}$ 为样本量。

为了表述方便，定义正态分布的精度 $\tau = 1/\sigma^2$，即方差之倒数。用参数为均值 μ 和精度 τ 表示的正态分布的密度函数为

$$f(x|\mu,\tau) = \left(\frac{\tau}{2\pi}\right)^{\frac{1}{2}} e^{-\frac{\tau(x-\mu)^2}{2}}$$

6.6.2.3 性能初始值 a 的贝叶斯估计

特性参数的初始性能值 a 服从正态分布，下面通过对 a 的精度 τ_a 进行贝叶斯统计分析。

设第 k 阶段特性参数的初始值 $a^{(k)} \sim N(\mu_a^{(k)}, \tau_a^{(k)})$，$\mu_a^{(k)}$ 为数学期望，$\tau_a^{(k)}$ 为精度，第 k 阶段试验得到样本 $A^{(k)} = a^{(k)}$。设 $\mu_a^{(k)} = m_k$ 为常数，$\tau_a^{(k)} = \omega_k$ 为随机变量。选取共轭先验分布，设 ω_k 的先验分布为

$$\pi(\omega_k) = Gamma(\omega_k | \alpha_k, \beta_k) \tag{6-74}$$

即

$$\pi(\omega_k) \propto \omega_k^{\alpha_k - 1} e^{-\beta_k \omega_k}, \omega_k > 0 \tag{6-75}$$

结合 $A^{(k)}$，由贝叶斯定理，ω_k 的后验分布为

$$Gamma(\alpha'_k, \beta'_k) \tag{6-76}$$

式中：$\alpha'_k = \alpha_k + \frac{1}{2}$；$\beta'_k = \beta_k + \frac{1}{2}(a^{(k)} - m_k)^2$。

在第 k 阶段试验结束后进行了改进。为此引入增长因子 η_{ak}，反映第 k 阶段的改进，使特性参数初始值的精度从第 k 阶段到第 $k+1$ 阶段的增长情况，得到第 k 阶段 ω_k 的验后分布 $\pi(\omega_k|A^{(k)})$ 与第 $k+1$ 阶段 ω_{k+1} 的验前分布 $\pi(\omega_{k+1})$ 的关系如下：

(1) $k+1$ 阶段 ω_{k+1} 的验前分布的均值，为 k 阶段 ω_k 验后均值与一个增长因子 $\eta_{ak}(\eta_{ak}>1)$ 的函数：

$$\mu_{k+1} = E[\omega_k|A^{(k)}]\eta_{ak} \qquad (6-77)$$

式中：$\mu_{k+1} = E[\omega_{k+1}] = \alpha_{k+1}/\beta_{k+1}$；$E[\omega_k|A^{(k)}] = \alpha'_k/\beta'_k$。

(2) $k+1$ 阶段 ω_{k+1} 的验前分布方差与 k 阶段 ω_k 验后方差相等：

$$\sigma^2_{k+1} = Var[\omega_k|A^{(k)}] \qquad (6-78)$$

式中：$\sigma^2_{k+1} = D[\omega_{k+1}] = \alpha_{k+1}/\beta^2_{k+1}$；$Var[\omega_k|A^{(k)}] = \alpha'_k/(\beta'_k)^2$。

因此，关键问题是增长因子的选择，下面用 ML-II 方法确定 η_{ak} 的取值。其基本思想是：试验中子样的出现看作是由子样 X 的边缘分布 $m(X)$ 产生的，而边缘分布中含有未知参数 θ 的验前分布 $\pi(\theta)$，$m(X)$ 可表示为

$$m(X) = \int_\theta f(x|\theta)\pi(\theta)d\theta \qquad (6-79)$$

当取 $\pi(\theta)$ 为某种特定形式的分布时，其分布参数由 $m(X)$ 取极大值的方法获得。

在进行增长因子 η_{ak} 的估计时，首先运用第 k 阶段的试验结果 $A^{(k)}$，求出边缘分布：

$$m(A^{(k)}) = \int_\theta f(A^{(k)}|\omega_k)\pi(\omega_k)d\omega_k \qquad (6-80)$$

然后，运用 ML-II 作出 $\omega_k,\alpha_k,\beta_k$ 的估计，计算出 $E[\omega_k|A^{(k)}] = \alpha'_k/\beta'_k$。

第 $k+1$ 阶段试验结束后，仍用 ML-II 方法，可以得到 $\omega_{k+1},\alpha_{k+1},\beta_{k+1}$ 的估计，计算：

$$\hat{\mu}_{k+1} = \int_{\omega_{k+1}>0} \omega_{k+1}\hat{\pi}(\omega_{k+1})d\omega_{k+1} = \alpha_{k+1}/\beta_{k+1} \qquad (6-81)$$

于是有：$\hat{\eta}_{ak} = \hat{\mu}_{k+1}/E[\omega_k|A^{(k)}]$。

这样，由第 k 阶段的验后分布，结合增长因子的估计值，即可得到第 $k+1$ 阶段的验前分布，再结合第 $k+1$ 阶段的试验数据，就可得到第 $k+1$ 阶段的验后分布。依此类推，就可以得到各阶段试验结束后，a 所服从的正态分布参数的估计（即验后估计），其均值为 m_k，精度为 $\hat{\omega}_k = \alpha'_k/\beta'_k (k=1,2,\cdots,K)$。

6.6.2.4 性能变化速率 r 的贝叶斯估计

r 为特性参数的变化速率，且 $r \sim N(\mu_r,\tau_r)$，μ_r 为数学期望，τ_r 为精度。在每个阶段试验结束后，采取针对性的改进措施主要将改变 μ_r 的值。因此，下面对 r 的均值 μ_r 进行贝叶斯统计分析。

第 k 阶段试验，得到关于 r 的样本为 $r^{(k)} = \{r_j^{(k)}; j=1,2,\cdots,N^{(k)}\}$，设 τ_{rk} 为常

数，$\mu_{rk}=v_k$ 为随机变量。设 v_k 的先验分布为 $\pi(v_k)=N(v_k|c_k,b_k)$，即 $\pi(v_k) \propto e^{-\frac{b_k}{2}(v_k-c_k)^2}$，结合 $r^{(k)}$，由贝叶斯公式可知，v_k 的后验分布是一个均值为 $c'_k = \frac{b_k c_k + N^{(k)} \tau_{rk} \bar{r}^{(k)}}{b_k + N^{(k)} \tau_{rk}}$，精度为 $b'_k = b_k + N^{(k)} \tau_{rk}$ 的正态分布，其中，$\bar{r}^{(k)} = \frac{1}{N^{(k)}} \sum_{j=1}^{N^{(k)}} r_j^{(k)}$。

为了反映改进对可靠性增长的影响，引入增长因子 η_{rk}。

记 $\mu_{k+1}=E[v_{k+1}]$，$\sigma_{k+1}^2=D[v_{k+1}]$，则有 $\mu_{k+1}=c_{k+1}$，$\sigma_{k+1}^2=1/b_{k+1}$。

于是，第 k 阶段 v_k 的验后分布 $\pi(v_k|r^{(k)})$ 与第 $k+1$ 阶段的 v_{k+1} 的验前分布 $\pi(v_{k+1})$ 的关系如下：

(1) $k+1$ 阶段 v_{k+1} 的验前分布的均值，为 k 阶段 v_k 验后均值与一个增长因子 $\eta_{rk}(\eta_{rk}<1)$ 的函数：

$$\mu_{k+1}=E[v_k|r^{(k)}]\eta_{rk} \quad (6-82)$$

(2) $k+1$ 阶段 v_{k+1} 的验前分布方差与 k 阶段 v_k 验后方差相等：

$$\sigma_{k+1}^2=\mathrm{Var}[v_k|r^{(k)}] \quad (6-83)$$

类似的，用 ML-II 方法估计增长因子 η_{rk}，首先由第 k 阶段的试验结果得出边缘分布：

$$m(r^{(k)})=\int f(r^{(k)}|v_k)\pi(v_k)\mathrm{d}v_k \quad (6-84)$$

式中，$\pi(v_k)=N(v_k;c_k,b_k)$。

然后，运用 ML-II 求出 τ_{rk},b_k,c_k 的估计，于是计算出：

$$E[v_k|r^{(k)}]=\frac{b_k c_k + N_k \tau_{rk} \bar{r}^{(k)}}{b_k + N_k \tau_{rk}} \quad (6-85)$$

第 $k+1$ 阶段试验终了之后，仍用 ML-II 方法可以得到 $\tau_{r,k+1},b_{k+1},c_{k+1}$ 的估计，计算：

$$\hat{\mu}_{k+1}=\int_{\mu_{k+1}>0} v_{k+1}\hat{\pi}(v_{k+1})\mathrm{d}v_{k+1}=c_{k+1} \quad (6-86)$$

于是有

$$\hat{\eta}_{rk}=c_{k+1}/c'_k \quad (6-87)$$

由贝叶斯公式，结合增长因子 $\hat{\eta}_{rk}$，就可以得到第 k 阶段结束后 r 所服从的正态分布参数的验后估计，均值为 c'_k，精度为 τ_{rk}。

6.6.2.5 可靠性增长评估

由 6.6.2.3 和 6.6.2.4 可以得到第 k 阶段柴油机可靠性函数的参数估计 m_k、$\hat{\omega}_k$、c'_k、τ_{rk}，于是有

$$\mu_{ak}=m_k,\sigma_{ak}^2=1/\hat{\omega}_k,\mu_{rk}=c'_k,\sigma_{rk}^2=1/\tau_{rk} \quad (6-88)$$

代入式 (6-73)，即可得到第 k 阶段结束时柴油机寿命分布函数 $F_{T_k}(t)$，则第 k 阶段试验结束时柴油机的瞬时故障率函数为

$$\lambda_k(t) = \frac{\mathrm{d}F_{T_k}(t)}{\mathrm{d}t(1-F_{T_k}(t))} \tag{6-89}$$

柴油机可靠性增长试验到第 k 阶段结束时累积试验时间为 $T_k = \sum_{i=1}^{k} t_i$，则 T_k 时刻柴油机的瞬时故障率为 λ_{T_k}。由此，得到数据对列 $(T_k,\lambda(T_k))(k=1,2,\cdots,K)$。

根据柴油机产品特点，选取杜安模型作为可靠性增长模型。

利用数据 $(T_k,\lambda(T_k))(k=1,2,\cdots,K)$，首先根据 6.2.2 杜安模型拟合优度检验方法进行杜安增长模型的拟合优度检验，然后根据 6.2.3 杜安模型参数的估计方法得到杜安模型参数 a 及 m 的最小二乘估计。

6.6.3 示例分析

某型舰船柴油机可靠性增长试验分四个阶段进行，前三个阶段结束后进行集中整改，具体情况如表 6-6 所列。

表 6-6 柴油机可靠性增长试验改进阶段划分

阶段划分	第1阶段	第2阶段	第3阶段	第4阶段
循环类型	标准	应用谱	标准谱	应用谱
循环数	100	431	692	884

通过退化特征量提取，确定主轴承温度为退化特征量，失效阈值为 80~120℃。该参数在可靠性增长试验过程中各循环额定工况下变动曲线如图 6-7 所示。测量间隔时间一个循环(8h)。

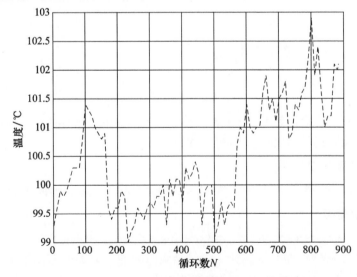

图 6-7 额定工况下 5 号主轴承温度变动曲线

根据6.6.2节提供的方法,各阶段的试验结果如表6-7所列。

表6-7 4个阶段主轴承温度退化过程参数估计结果

阶段 k	测量次数 N_k	累积试验时间 t_k/h	a 样本均值	a 样本方差	r 样本均值	r 样本方差
1	100	800	98.53	0.423	0.0052	0.0282
2	331	3448	100.76	0.348	0.0048	0.0262
3	261	5536	101.04	0.297	0.0042	0.0273
4	192	7072	102.21	0.196	0.0018	0.0297

由式(6-89),经过可靠性增长评估,得到各阶段结束后的瞬时故障率评估结果见表6-8。

表6-8 4个阶段结束时瞬时失效率评估结果

阶段	第1阶段	第2阶段	第3阶段	第4阶段
瞬时故障率	0.0041	0.0026	0.0017	0.0009

利用杜安模型,对上述数据进行拟合,得到杜安模型的参数估计:$\hat{a}=6.2182$、$\hat{m}=0.7555$,可靠性增长曲线为

$$\lambda(t) = \hat{a}(1-\hat{m})t^{-m} = 1.5203t^{-0.7555}$$

试验结束时瞬时 MTBF 估计值为

$$\text{MTBF}(t) = 532.63\text{h}$$

附 录

附表1 经验相关系数 ρ 的临界值表（$n>45$）

$n-2$	α				
	0.1	0.05	0.02	0.01	0.001
45	0.2428	0.2875	0.3384	0.3721	0.4648
50	0.2306	0.2723	0.3218	0.3541	0.4433
60	0.2108	0.2500	0.2498	0.3248	0.4078
70	0.1954	0.2319	0.2737	0.3017	0.3799
80	0.1829	0.2172	0.2565	0.2830	0.3568
90	0.1726	0.2050	0.2422	0.2673	0.3375
100	0.1638	0.1946	0.2301	0.2540	0.3211

注：n 为样本大小；α 为显著水平。

附表2 Cramer–Von Mises 统计量临界值表（$C_{M,\alpha}^2$）

M	α				
	0.2	0.15	0.1	0.05	0.01
2	0.138	0.149	0.162	0.175	0.186
3	0.121	0.135	0.154	0.184	0.231
4	0.121	0.136	0.155	0.191	0.279
5	0.121	0.137	0.160	0.199	0.295
6	0.123	0.139	0.162	0.204	0.307
7	0.124	0.140	0.165	0.208	0.316
8	0.124	0.141	0.165	0.210	0.319
9	0.125	0.142	0.167	0.212	0.323
10	0.125	0.142	0.167	0.212	0.324
15	0.126	0.144	0.169	0.215	0.327
20	0.128	0.146	0.172	0.217	0.333
30	0.128	0.146	0.172	0.218	0.333
60	0.128	0.147	0.173	0.221	0.333
100	0.129	0.147	0.173	0.221	0.336

参考文献

[1] 姜同敏. 可靠性与寿命试验[M]. 北京:国防工业出版社,2012.

[2] 茆诗松. 加速寿命试验[M]. 北京:科学出版社,2000.

[3] 许卫宝,钟涛. 机械产品可靠性设计与试验[M]. 北京:国防工业出版社,2015.

[4] LEV MKLYATIS. 加速可靠性和耐久性试验技术[M]. 方颖,宋太亮,丁利平,译. 北京:国防工业出版社,2015.

[5] WAYNE B,NELSON. Accelerated Testing Statistical Models,Test Plans,and Data Analysis[M]. New York:Wiley,1989.

[6] 古莹奎. 柴油机可靠性分析及风险评价[M]. 北京:清华大学出版社,2012.

[7] 方亚. 机械产品可靠性评估方法研究[D]. 西安:西北工业大学,2007.

[8] 刘强. 基于失效物理的性能可靠性技术及应用研究[D]. 长沙:国防科学技术大学,2011.

[9] 电子工业部标准化研究所. 可靠性增长管理手册:GJB/Z 77—1995[S]. 北京:总装备部军标出版发行部,1992.

[10] 航空航天工业部12所. 可靠性增长试验:GJB/Z 1407—1992[S]. 北京:总装备部军标出版发行部,1992.

[11] 邢浩,杨军. 考虑延缓纠正的双应力加速可靠性增长试验方法[J]. 装备环境工程,2023,20(10):1-7.

[12] AWAD M. Economic Allocation of Reliability Growth Testing Using Weibull Distributions[J]. Reliability Engineering & System Safety,2016,152:273-280.

[13] 查国清,井海龙,陈云霞,等. 基于故障行为模型的产品寿命分析方法[J]. 北京航空航天大学学报,2016,42(11):2371-2377.

[14] 张点,邢云燕,蒋平. 基于可靠性增长的可靠性鉴定试验方案[J]. 系统工程与电子技术,2023,45(11):3699-3705.

[15] ANAND,SHIN,SAXENA,et al. Accelerated Reliability Growth Test for Magnetic Resonance Imaging System Using Time-of-Flight Three-Dimensional Pulse Sequence[J]. Diagnostics,2019,9(4):164.

[16] 陈云霞,金毅. 机械产品寿命设计与试验技术[M]. 北京:国防工业出版社,2022.

[17] 陈文华,贺青川,番骏,等. 机械产品可靠性试验技术研究现状与展望[J]. 中国机械工程,2020,31(1):72-82.

[18] 何正嘉,曹宏瑞,訾艳阳,等. 机械设备运行可靠性评估的发展与思考[J]. 机械工程学报,2014,50(2):171-186.

[19] 顾清宇. 基于加速因子的导轨副可靠性试验方法研究[D]. 南京:南京理工大学,2020.

[20] 金光. 基于退化的可靠性技术-模型、方法及应用[M]. 北京:国防工业出版社,2014.

[21] CUI W. A state-of-the-art review on fatigue life prediction methods for metal structures[J].

Journal of Marine Science and Technology,2002,7(1):43 – 56.

[22] 汪晓洋. 小样本下可靠性试验方法与数据处理的研究[D]. 成都:电子科技大学,2012.

[23] 中华人民共和国工业和信息化部. 工程机械用柴油机 第3部分:可靠性、耐久性试验方法:JB/T 4198.3 – 2020[S]. 北京:中华人民共和国工业和信息化部,2020.

[24] WANG W. A model to determine the optimal critical level and the monitoring intervals in condition – based maintenance[J]. International Journal of Production,2010,38(6):1425 – 1436.

[25] 蔡俊峰. 柴油发动机可靠性分析与试验研究[D]. 赣州:江西理工大学,2009.

[26] 侯勤春. 船用大功率柴油机产业发展初步分析[J]. 船舶工程,2008(03):10 – 12.

[27] 邓爱民,陈循,张春华,等. 基于加速退化数据的可靠性评估[J]. 弹箭与制导学报,2006(s8):808 – 812.

[28] YE Z,CHEN N,SHEN Y. A new class of Wiener process models for degradation analysis[J]. Reliability Engineering and System Safety,2015,139:58 – 67.

[29] 周源泉. 质量可靠性增长与评定方法[M]. 北京:北京航空航天大学出版社,1997.

[30] 邓爱民,陈循,张春华,等. 加速退化试验技术综述[J]. 兵工学报,2007(8):2002 – 2007.

[31] 龚文俊. 基于分形理论的接触界面滑动 – 冲击耦合磨损模型研究[D]. 北京:北京航空航天大学,2019.

[32] 张庆. 铝合金蠕变 – 疲劳耦合特性研究及其在柴油机活塞寿命预测中的应用[D]. 北京:北京理工大学,2015.

[33] 纪玉龙,徐久军,林炳凤,等. 新型缸套 – 活塞环零部件摩擦磨损试验机及其测控系统[J]. 润滑与密封,2006(11):177 – 180.

[34] 何星,杨绍卿,章凯,等. 面向实车使用的重载柴油机寿命损耗机理[J]. 科学技术与工程,2018,18(14):141 – 146.

[35] 叶朋峰. 基于性能退化的加速寿命试验方法研究[D]. 南京:南京理工大学,2016.

[36] 鲁相. 基于Gamma过程的关节轴承加速可靠性验证方法[D]. 长沙:国防科学技术大学,2013.

[37] 严立,等. 内燃机磨损及可靠性技术[M]. 北京:人民交通出版社,1992.

[38] HOBBS G K. Accelerated reliability engineering:HALT and HASSM[M]. Wiley,2000.

[39] PARIS P,ERDOGAN F. A Critical analysis of crack growth laws[J]. Journal of Basic En – gineering,Transaction of the ASME,1963,(85):528 – 534.

[40] 樊强. 高加速寿命试验和高加速应力筛选试验技术综述[J]. 电子产品可靠性与环境试验,2011,29(04):58 – 62.

[41] 中国人民解放军总装备部. 可靠性鉴定和验收试验:GJB 899A[S]. 北京:总装备部军标出版发行部,2009.

[42] 赵宸蓊,张权,李昕珏. 基于数理统计的柴油发电机组可靠性试验[J]. 机电设备,2022,39(04):44 – 49.

[43] 莫海军,蓝民华,杨林丰. 机械零件设计有关寿命问题的研究[J]. 机电工程技术,2009,38(8):93 – 96.

[44] LU C J,MEEKER W Q. Using degradation measures to estimate a time – to – failure distribution[J]. Technometrics,1993,35(2):161 – 174.

[45] 谢红卫,孙志强,李欣欣,等. 多阶段小样本数据条件下装备试验评估[M]. 北京:国防工

业出版社,2016.
- [46] 李云雁,胡传荣. 试验设计与数据处理[M]. 北京:化学工业出版社,2008.
- [47] 王利伟,谢宽. 舰船动力装备可靠性指标验证技术与改进优化[J]. 船电技术,2023,43(12):1-3.
- [48] 王正. 基于加速退化试验的铸铁缸套耐磨寿命研究[D]. 大连:大连海事大学,2020.
- [49] BAUSSARON J,MIHAELA B,LÉO G,et al. Reliability assessment based on degradation measurements:How to compare some models? [J]. Reliability Engineering and System Safety,2014,131:236-241.
- [50] 李文丽,原大宁,刘宏昭,等. 小子样下机构系统磨损仿真可靠性研究[J]. 机械工程学报,2015,51(13):235-244.
- [51] LI S L,XIE X,CHENG C,et al. A modified Coffin-Manson model for ultra-low cycle fatigue fracture of structural steels considering the effect of stress triaxiality[J]. Engineering Fracture Mechanics,2020,237:107223.
- [52] 陈传尧. 疲劳与断裂[M]. 武汉:华中科技大学出版社,2001.
- [53] ZENG Z,KANG R,CHENYX. A physics-of-failure-based approach for failure behavior modeling:with a focus on failure collaborations[C]//Annual European Safety and Reliability Conference(ESREL),Wroclaw,Poland:ESRA,2014:1-7.
- [54] ZENG Z G,CHENY X,KANG R. Failure behavior modeling:towards a better characteriza-tion of product failures[C]//4th IEEE Conference on Prognostics and System Health Man-agement(PHM),Milan,Italy:IEEE,2013:571-576.
- [55] 谢联先. 机械零件的承载能力和强度计算[M]. 北京:机械工业出版社,1984.
- [56] 谢里阳. 机械可靠性理论、方法及模型中若干问题评述[J]. 机械工程学报,2014,50(14):27-35.
- [57] 尹士邦. 基于载荷谱的航空发动机传动齿轮疲劳寿命研究[D]. 沈阳:沈阳航空航天大学,2012.
- [58] 刘立名,段梦兰,柳春图,等. 对裂纹扩展规律Paris公式物理本质的探讨[J]. 力学学报,2003,35(2):171-175.
- [59] 洪友士,孙成奇,刘小龙. 合金材料超高周疲劳的机理与模型综述[J]. 力学进展,2018,48(1):1-65.
- [60] 张小丽,陈雪峰,李兵,等,机械重大装备寿命预测综述[J]. 机械工程学报,2011,47(11):100-116.
- [61] FATEMI A,SHAMSAEI N. Multiaxial fatigue:an overview and some approximation models for life estimation[J]. International Journal of Fatigue,2011,33(8):948-958.
- [62] MINER M A. Cumulative damage in fatigue[J]. Journal of Applied Mechanics-Transactions of the ASME,1945,12(3):A159-A164.
- [63] 麦克弗森 J W. 可靠性物理与工程:失效时间模型[M]. 秦飞,等译. 北京:科学出版社,2013.
- [64] 邓爱民. 高可靠长寿命产品可靠性技术研究[D]. 长沙:国防科学技术大学,2006.
- [65] 裴梓渲. 多系列产品加速寿命试验方案优化方法[D]. 北京:北京航空航天大学,2019.
- [66] 吴纪鹏. 基于性能退化实验数据的确信可靠性建模与分析[D]. 北京:北京航空航天大学,2020.

[67] YE Z,WANG Y,TSUIK,et al. Degradation data analysis using wiener processes with measurement errors[J]. IEEE Transactions on Reliability,2013,62(4):772-780.
[68] 刘飞. 固体火箭发动机可靠性增长试验理论及应用研究[D]. 长沙:国防科学技术大学,2006.
[69] 郭瑜. 机械可靠性增长试验及增长模型的研究[D]. 沈阳:东北大学,2009.
[70] 安伟光,胡经畲. 可靠性增长试验方法的研究[M]. 哈尔滨:哈尔滨工程大学出版社,1996.
[71] 柴振海. 自行火炮可靠性增长理论与技术[M]. 北京:国防工业出版社,2017.
[72] 段舒展. 柴油机可靠性增长流程及加速寿命试验[D]. 上海:上海交通大学,2013.
[73] 张嵩,于亚斌,余贞勇. 固体火箭发动机可靠性增长试验方案研究[J]. 质量与可靠性,2010(5):4-5.
[74] 周源泉,张立堂,刘振德. 涡喷发动机可靠性增长试验方案的设计[J]. 推进技术,2001,22(6):496-499.
[75] 胡钧铭. 小子样复杂系统可靠性增长试验关键技术研究[D]. 成都:电子科技大学,2021.
[76] 张文广,贺东旭,等. 机电产品加速贮存试验与寿命评估方法研究[J]. 机电工程,2021,38(5):528-535.
[77] 李墨,孙瑞锋. 基于故障物理和数理统计相结合的可靠性加速试验方法[J]. 装备环境工程,2021,18(10):123-131.
[78] 茆诗松. 加速寿命试验的加速模型[J]. 质量与可靠性,2003(2):15-17.
[79] 茆诗松,汤银才,王玲玲. 可靠性统计[M]. 北京:高等教育出版社,2008.
[80] 王浩伟,徐廷学,杨继坤,等. 基于加速因子的退化型产品可靠性评估方法[J]. 战术导弹技术,2013(6):3641.
[81] 马济乔,陈均,刘海涛. 基于加速退化数据的液压泵寿命预测与可靠性分析[J]. 计算机与数字工程,2019,47(7):1613-1617.
[82] 赵帅帅,陈永祥,贾业宁,等. 基于修正Coffin-Manson模型的加速寿命试验设计与评估[J]. 强度与环境,2013,40(4):52-58.
[83] 穆童,孟鸽,谢里阳,等. 基于应力分布模型的随机疲劳加速试验设计[J]. 航空学报,2020,41(2):23229.
[84] 李永奇,何春晖,张卫东,等. 液压缸加速试验方法研究[J]. 液压气动与密封,2022,(4):84-88.
[85] 王少萍. 机械产品加速寿命试验[J]. 液压气动与密封,2005(4):33-37.
[86] BAE J,CHUNG K H. Accelerated Wear Testing of Polyurethane Hydraulic Seal[J]. Polymer Testing,2017,63:110-117.
[87] 何欢. 某高压油泵结构强度及疲劳分析[D]. 重庆:重庆理工大学,2018.
[88] PAN Z N B. Multiple-steps step-stress accelerated degradation modeling based on wienerand Gamma processes[J]. Communications in Statistics-Simulation and Computation,2010,39(7):1384-1402.

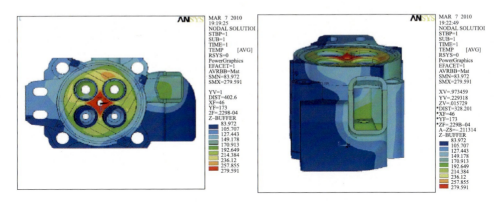

图 2-3　温度场的计算结果

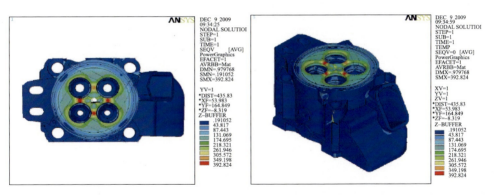

图 2-4　稳定工况下气缸盖热-机械耦合应力分布云图

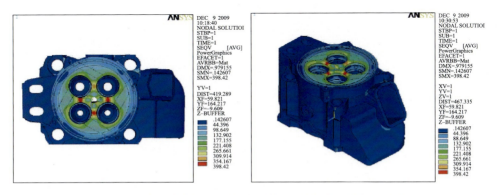

图 2-5　最高爆发压力下气缸盖热-机械耦合应力分布云图

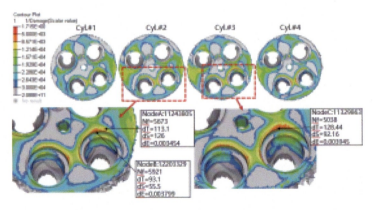

图 2-6 缸盖低周疲劳寿命分布

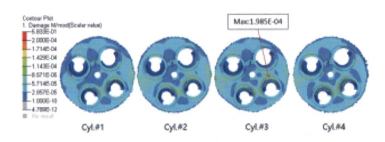

图 2-7 低周疲劳总损伤分布

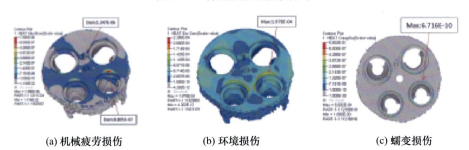

(a) 机械疲劳损伤　　　　　(b) 环境损伤　　　　　(c) 蠕变损伤

图 2-8 第三缸火力面低周疲劳各项损伤

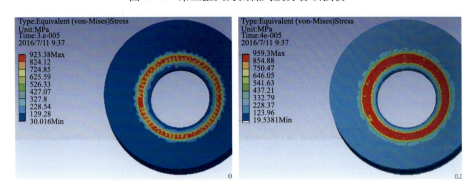

图 2-13 密封锥面应力分布图

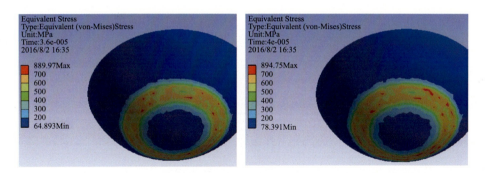

图 2-14 钢球底部应力分布

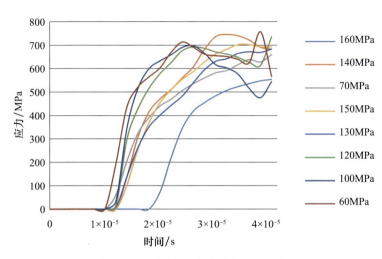

图 2-15 钢球撞击面应力变化曲线

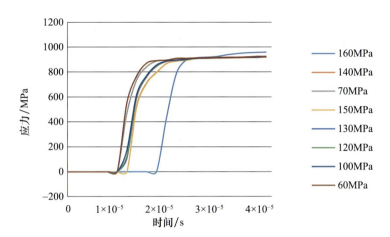

图 2-16 密封锥面应力变化曲线

图 2-22　1、4 号缸临界状态对应的柱塞套最大应力处

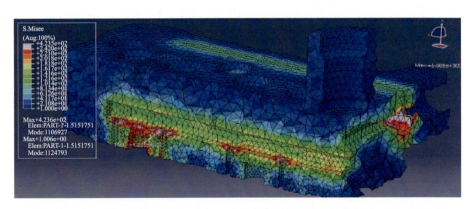

图 2-23　1、4 号缸临界状态对应的泵盖最大应力处

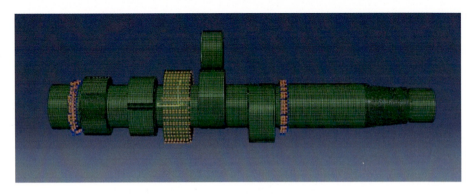

图 2-25　整体网格图及受力分布

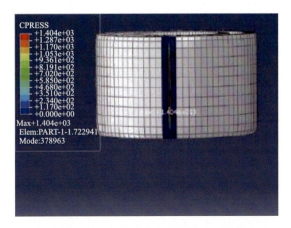

图 2-27　二号位置滚轮接触应力图

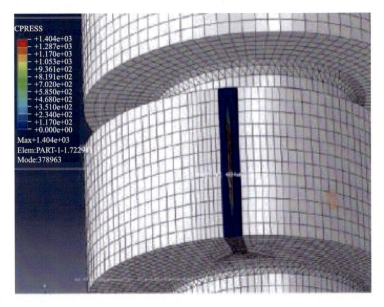

图 2-28　二号位置凸轮接触应力图

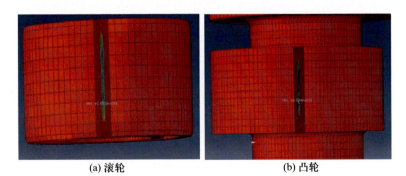

(a) 滚轮　　　　　　　　　(b) 凸轮

图 2-29　二号位置滚轮和凸轮寿命云图

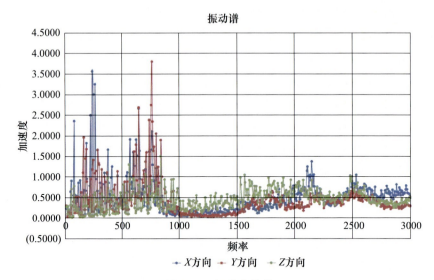

图 3-8 振动载荷谱

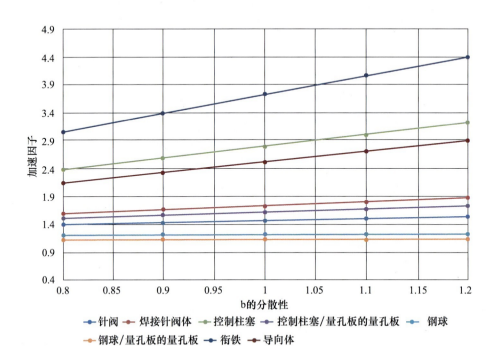

图 3-9 推进状态下各个单元在参数 b 不同比例下的加速因子

彩 6

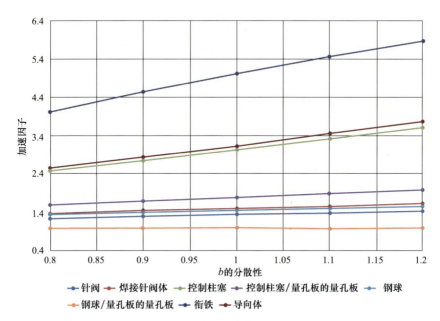

图 3-10 发电状态下各个单元在参数 b 不同比例下的加速因子

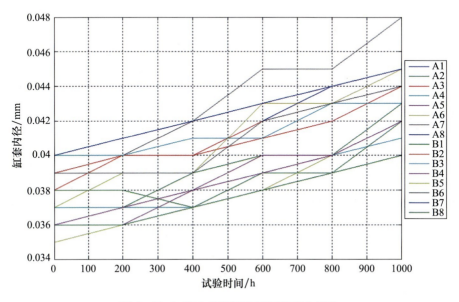

图 4-2 缸套内径随试验时间的变化趋势

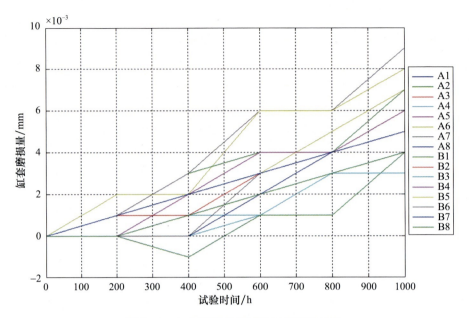

图4-3 缸套磨损量随试验时间增长趋势

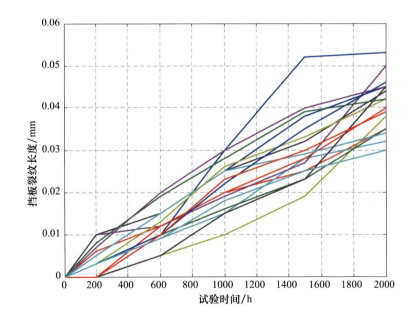

图4-5 燃烧室裂纹扩展趋势

彩8

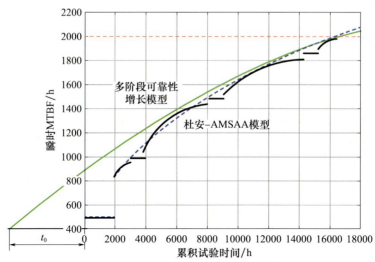

图 5-13　柴油机多阶段可靠性增长模型